2023年主题出版重点出版物

生态第一课

写给青少年的绿水青山

◎王小波　主编
◎高　颖　赵鹏飞　副主编

中国的

中国地图出版社
·北京·

图书在版编目（CIP）数据

写给青少年的绿水青山．中国的海 / 王小波主编
．-- 北京 ：中国地图出版社，2023.12
（生态第一课）
ISBN 978-7-5204-3740-0

Ⅰ．①写… Ⅱ．①王… Ⅲ．①生态环境建设－中国－青少年读物②海洋生态学－生态环境建设－中国－青少年读物 Ⅳ．① X321.2-49

中国国家版本馆 CIP 数据核字 (2023) 第 244048 号

SHENGTAI DI-YI KE XIE GEI QINGSHAONIAN DE LYUSHUI QINGSHAN ZHONGGUO DE HAI
生态第一课·写给青少年的绿水青山·中国的海

出版发行	中国地图出版社	邮政编码	100054
社　　址	北京市西城区白纸坊西街 3 号	网　　址	www.sinomaps.com
电　　话	010-83490076　83495213	经　　销	新华书店
印　　刷	河北环京美印刷有限公司	印　　张	8
成品规格	185 mm × 260 mm		
版　　次	2023 年 12 月第 1 版	印　　次	2023 年 12 月河北第 1 次印刷
定　　价	39.80 元		
书　　号	ISBN 978-7-5204-3740-0		
审 图 号	GS 京（2023）1924 号		

本书中国国界线系按照中国地图出版社 1989 年出版的 1:400 万《中华人民共和国地形图》绘制。
如有印装质量问题，请与我社联系调换。

《中国的海》编辑部

策　　划　孙　水

统　　筹　孙　水　李　铮

责任编辑　李　铮

编　　辑　何　慧　杨　帆　董　蕊　杜金璐

插画绘制　原琳颖　王荷芳

装帧设计　徐　莹　风尚境界

图片提供　视觉中国

前言

生态文明建设关乎国家富强，关乎民族复兴，关乎人民幸福。纵观人类发展史和文明演进史，生态兴则文明兴，生态衰则文明衰。党的十八大以来，以习近平同志为核心的党中央以前所未有的力度抓生态文明建设，将生态文明建设纳入中国特色社会主义事业“五位一体”总体布局，建设美丽中国已经成为中国人民心向往之的奋斗目标。生态文明是人民群众共同参与共同建设共同享有的事业，每个人都是生态环境的保护者、建设者、受益者。

生态文明教育是建设人与自然和谐共生的现代化的重要支撑，也是树立和践行社会主义生态文明观的有效助力。其中，加强青少年生态文明教育尤为重要。青少年不仅是中国生态文明建设的生力军，更是建设美丽中国的实践者、推动者。在青少年世界观、人生观和价值观形成的关键时期，只有把生态文明教育做好做实，才能为未来培养具有生态文明价值观和实践能力的建设者和接班人。

为贯彻落实习近平生态文明思想，扎实推进生态文明建设，培养具有生态意识、生态智慧、生态行为的新时代青少年，我们编写了这套《生态第一课 · 写给青少年的绿水青山》丛书。

丛书以“山水林田湖草是生命共同体”的理念为指导，分为 8 册，按照山、水、林、田、湖、草、沙、海的顺序，多维度、全景式地展示我国自然资源要素的分布与变化、特征与原理、开发与利用，介绍我国生态文明建设的历史和现状、问题和措施、成效和展望，同时阐释这些自然资源要素承载的历史文化及其中所蕴含的生态文明理念，知识丰富，图文并茂，生动有趣，可读性强，能够让青少年深刻领悟到山水林田湖草沙是不可分割的整体，从而有助于青少年将人与自然和谐共生的理念和节约资源、保护环境的意识内化于心，外化于行。

人出生于世间，存于世间，依靠自然而生存，认识自然生态便是人生的第一课。策划出版这套丛书，有助于我们开展生态文明教育，引导青少年在学中行，行中悟，既要懂道理，又要做道理的实践者，将“绿水青山就是金山银山”的理念深植于心，为共同建设美丽中国打下坚实的基础。

这套丛书的编写得到了中国地质科学院地质研究所、中国水利水电科学研究院、中国水资源战略研究会暨全球水伙伴中国委员会、中国科学院植物研究所、农业农村部耕地质量监测保护中心、中国科学院南京地理与湖泊研究所、中国地质大学（武汉）地理与信息工程学院、自然资源部第二海洋研究所等单位的大力支持，在此谨向所有支持和帮助过本套丛书编写的单位、领导和专家表示诚挚的感谢。

本书编委会

图例

地理地图

图例	含义	图例	含义
	洲界		海岸线
未定	国界		河流
	省级界		珊瑚礁
	特别行政区界		

历史地图

图例	含义	图例	含义
阿丹	重要地点		海岸线
亚丁	今地名		河流
	洲界		

目录

第一章　熠熠生辉海文化

第二章　水天一色海茫茫

第三章　鉴古知今话海疆

第四章　洋洋大观海家园

第五章 海纳百川聚宝盆

第六章 抗灾减污护海洋

第一章 熠熠生辉海文化

中国是世界四大文明古国之一，也是海洋大国。从古至今，人们既对海洋充满了敬畏之心，又对海洋充满了好奇，进而产生了对海洋的幻想和追求，促使人们踏上了征服海洋的道路。在这个过程中，产生了许许多多与海洋有关的神话传说、诗词作品、民俗活动……

第一节　蓬瀛壶天海神话

神话，是古代人们对世界起源、自然现象及社会生活所作的叙述和解释。在中国古代神话传说中，有关海神、海仙、海怪等的记载众多，这些神话传说都是海洋文化的重要组成部分，体现了古人对海洋的认识和想象，包含着古人探索海洋的愿望。

海洋神话的源起

海洋神话，是中国众多神话传说类型中的一种，传承着人们积极探索的海洋精神。在远古时期，辽阔无垠的大海激起了人们无穷的好奇和丰富的想象，人们意图通过虚构各种故事来解释大海中的某些现象，从而也就产生了流传至今的各种各样的海洋神话。

一般来说，海洋神话包括三种类型：一、关于海洋及其相关事物、现象的神话，既有以战胜和征服海洋为主的神话，也有以战胜海洋生物为主的神话；二、以描写英雄人物为主的神话，这些英雄人物具有超自然的能力和不屈的斗志，在与海洋斗争的过程中表现出了惊人的勇气和毅力；三、关于古人对海洋情感的神话，这类神话既有对海洋未知的好奇、恐惧，也有对海洋的喜爱、厌恶，正是这种复杂的情感才让人们产生了无数的想象。

海洋神话的产生，表明古人在思维活动中已经能够把自己与海洋分离开，开始对海洋的各种现象做出针对性的思考，从中也可以看出，古人自我意识的觉醒。

《山海经》里阅万物

《山海经》是“志怪之鼻祖”，蕴含着上古世界文化大观。可以说，古人用文字记载的最早的海洋神话就藏在《山海经》中。《山海经》由《山经》和《海经》两部分组成，其中与海洋联系最为密切的《海经》又分为《海外经》《海内经》《大荒经》。《海外经》主要记载海外各国的奇异风貌，《海内经》主要记载海内的神奇事物，《大荒经》主要记载与黄帝、女娲、大禹等有关的神话。

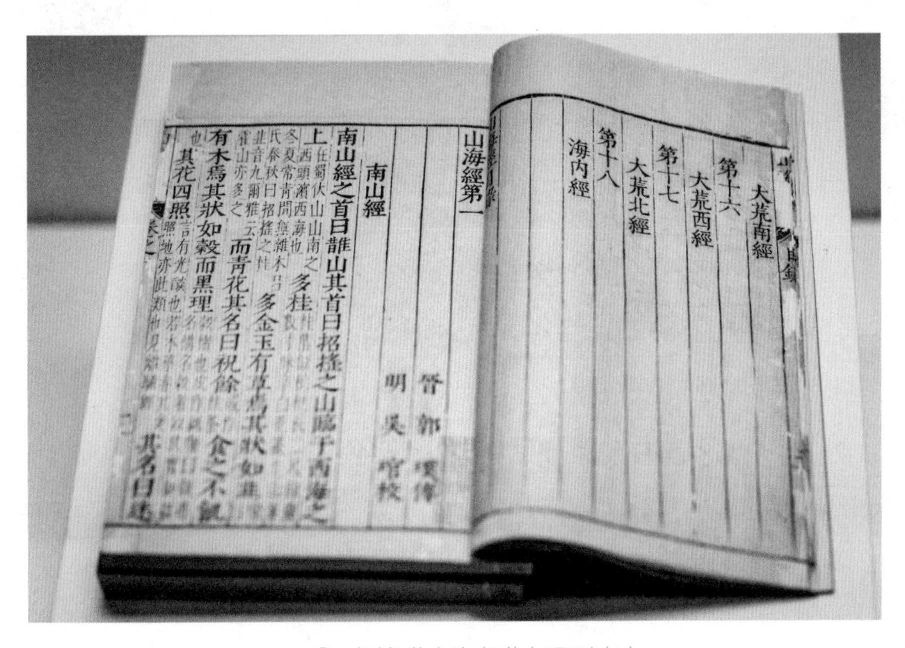

书籍《山海经》（明刊本）

对于《山海经》，人们只知道这是一本奇书，但书中所包含的宝贵的古代历史、地理、文化、民俗、神话等信息却鲜少为人们所熟知。《山海经》的重要价值之一在于它保存了大量的神话，其中与海洋有关的神话占有很大比重，包括人们熟知的精卫填海、大禹治水等。

此外，《山海经》中还有对于四海的介绍。在古代中国人的观念中，中国位于世界的中央，四周是茫茫海水，谓之“四海”，而《山海经》中有许

《山海经》中《海内经》的描述图像

多神话都与四海紧密相关。当然，《山海经》中所说的海大多是虚指，往往是指那些遥远而神秘的海域。

《山海经》不只是讲志怪神话的书，它还具有很高的科学价值，是先民对自然世界的观察和其精神世界的真实反映。《山海经》不仅反映了先民的宇宙观，也保存了中华民族最古老的文化记忆。

精卫填海传古今

提及与中国海洋文化有关的神话故事，人们最先想到的就是精卫填海。炎帝的女儿，名叫女娃，在东海游玩时溺亡。之后，她的灵魂化作精卫鸟，每天衔来西山的树枝或者石子投入东海，誓要将东海填平。

在这个神话故事所产生的历史时期，人们改造自然的能力低下，面对汹涌澎湃的大海，内心充满着恐惧和敬畏，但是人们征服自然的精神力量是

精卫填海

无限的。于是，人们借用“精卫填海”这则神话故事来寄托他们不畏艰难困苦、战胜大自然的理想和愿望。

数千年来，中国流传下来无数关于海洋的神话传说。除了《山海经》，《庄子》《左传》《尚书·禹贡》《楚辞》等典籍中也留下了不少涉及海洋的神话传说。这些神话传说总体上反映了先民对于海洋的认知、向往与探索，体现了强烈的人文精神和浓郁的海洋文化特色，对中国海洋文化的形成产生了深远的影响。

探索与实践

阅读《山海经》一书，看看书中都有哪些奇禽异兽，并说一说它们与现实中的动物有什么异同。

第二节　探源溯流海桑田

在地球演化的历史上，曾经发生过多次海陆变迁，伴随着这一过程，地球的地理环境也发生着巨大的变化。然而，在远古时期，先民对上述现象虽已有所发现，却无法给出科学合理的解释，故而对这种现象赋予了浓厚的神话色彩。其实，在我国许多地方都可以看到海陆变迁的遗迹。

人类涉海活动的见证——贝丘遗址

贝丘是一个古老的词汇，最早出现于《左传》。它是古代在沿海地区或湖滨居住的人类所遗留的贝壳堆积。贝丘遗址大都属于新石器时代，有的则延续到青铜时代或更晚。贝丘遗址多位于海岸、湖泊和河流的沿岸，在世界各地有广泛的分布。在贝丘遗址的文化层中夹杂着贝壳、各种食物的残渣以及石器、陶器等遗物，人们还往往能发现房基、窖穴和墓葬等遗迹。根据贝丘的地理位置和贝壳种类的变化，人们不仅可以了解古代海岸线的变迁和海水温差的变化，还可以复原当时的自然条件和人类的生活环境。

贝丘遗址，北自辽宁至山东、江苏的渤海、黄海沿岸地区，东到浙江至福建、台湾的东海沿岸地区，南至广东、广西、海南岛的南海地区都有大量出土。其中，黄海、渤海沿岸的贝丘遗址发现最多。如小长山岛大庆山北麓的贝丘南北长约 500 米，东西宽约 300 米，贝壳厚度达 1.5 米，贝壳的种类有鲍鱼、海螺、海蛤等；辽东半岛的小珠山遗址中出土了多种海贝，包括长牡蛎、海螺、海蛤、鲍鱼等。而在东莞蚝岗遗址中，考古学者通过剖析蚝岗遗址的贝壳种类，发现了大量生息于潮间带的牡蛎、文蛤等贝类，说明该遗址当时临近海洋；浙江余姚的河姆渡遗址中，也发现了许多海洋鱼类骨骼及软体动物的外壳；浙江境内的井头山遗址，则是目前中国沿海发现的埋藏最深、年代最早的典型海岸贝丘遗址……

井头山遗址出土的各类海生贝壳（牡蛎、螺、蚶、蛤等）

这些贝丘遗址的发现，表明了当时的人“沿海而居，靠海吃海”的史实，他们是进行海洋活动的先行者。

人类探索海洋的最初工具——独木舟

原始社会的航行活动，在人类航海探险史上具有十分重大的意义。它不仅是人类走向海洋的第一步，也是后来探索海洋的基础。独木舟，是人类文明史上最早出现的小船。浙江萧山跨湖桥遗址发现的“中华第一舟”告诉人们，早在 8000 年前，先民就已经开始了探索海洋的活动。

自从有了独木舟，人类就获得了在水上航行的自由。尽管这样的独木舟十分简陋，但正是倚仗着它们，先民们可以到较深和较阔的水面上进行捕捞、航运与迁徙活动。

萧山跨湖桥遗址出土的独木舟

人类探索海洋的地理学说——“大九州说”

随着生产力的发展和社会的进步，中国古代的人们在建立古代宇宙理论的过程中，通过对海洋与陆地关系的探索，逐渐对海洋产生了一些早期的认识。至战国时，思想家邹衍提出了“大九州说”。

按照邹衍的“大九州说”，所谓“中国”，只是一个“赤县神州”。“赤县神州”内有“九州”，即大禹按次序排列的九个州，但是这个“九州”不是真正的“九州”。九个“赤县神州”合成的一个大州，才是真正的“九州”。九州周围有裨海环绕着，彼此不能相通。九个“九州”又组成“大九州”，其周围有大瀛海环绕着。根据“大九州说”，“中国”只是“大九州”中的八十一分之一而已。“大九州说”可以理解为这样一种具

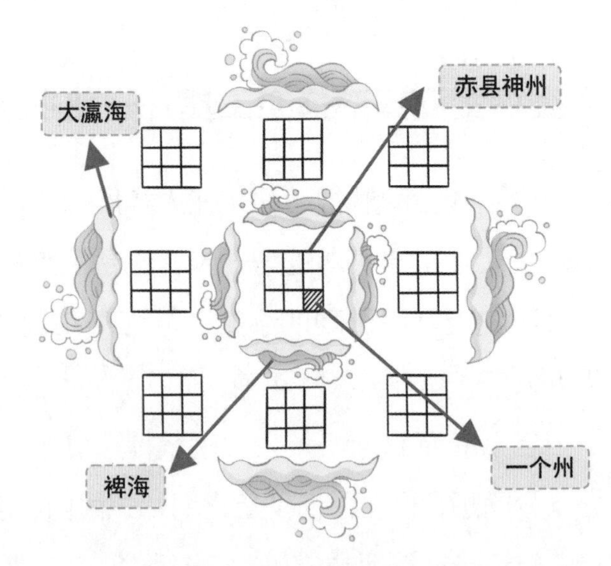

邹衍“大九州说”示意图

有科学意味的猜测：地球上最初只有一块正方形大陆，且可以细分为九大块、八十一小块。

“大九州说”也涉及海区的划分。“大九州说”里所指的裨海和大瀛海，既可以近似地理解为海与洋的区别，又可以作为中国大陆边缘海来理解。可以说，现在的渤海、黄海、东海和南海，在古人的概念里都属于裨海。邹衍的“大九州”概念虽然不完全正确，但是他对裨海、瀛海的定义，被唐时著名文士徐坚收录到《初学记》中。徐坚在《初学记》中写道：“凡四海通谓之裨海，裨海外复有大瀛海环之。”

邹衍类推出来的“大九州说”一直被许多人视为荒唐怪诞的“神话”。事实上，“大九州说”并不完全出于异想天开，而是结合了当时已有的海洋知识，是一种进步的学说。邹衍提出的“大九州说”，鼓励了人们开阔眼界，奔向海洋，持久激发了中国古人探索海外的热情，同时也开阔了古人的地理视野。

不论是关于海洋文化的诸多考古发现，还是人类对海洋世界的一次次探索，都在一定程度上反映了人类与海洋之间有着密切的关系，这种关系决定了人类的生存环境和生存方式。人类既可以适应海洋，也可以开发、利用海洋，可以说，从古至今人类从未停止过探索海洋的脚步。

第三节　漂洋过海大探险

中国是一个海陆兼备的国家。从远古时期，先民就已经开始涉足海洋，从事各种海上活动。但由于技术的限制，先民活动的区域只有近海地区，对于遥远的远海，先民认为那里有未知的仙境，因此始终对远海充满了无限的幻想。自古以来，海洋对于人类的吸引力就没有减弱过，而航行工具的发明和使用，则为人类的航海事业奠定了基础，让许许多多的航海家不畏艰难，漂洋过海去探索未知的世界。

唐代民间航海活动——鉴真东渡

鉴真是唐朝僧人，14 岁时在扬州出家。由于他刻苦好学，中年以后便成了高僧。26 岁就广招弟子 4 万余人。天宝元年（742 年），鉴真应日本来唐留学僧人的邀请，到日本去讲法。

鉴真东渡到日本的事情前后一共经历 6 次才得以实现。第一次是天宝二年（743 年）进行的，鉴真在扬州打造了船只，准备了粮草。但因官府干涉，船只被没收，第一次东渡就此夭折。

第二次，经过周密的筹备之后，鉴真等人再次出发。结果遇上大风，船受到大风的破坏而搁浅，第二次东渡就此结束。

第三次，鉴真把旧船修好后再次东渡，可没想到再遭狂风，中途触礁而告失败。

第四次，鉴真准备从福州出发，刚走到温州，便被截住，原来鉴真的弟子担心师父安危，苦求扬州官府阻拦，地方官府就派人将鉴真一行拦截，护送鉴真回了扬州，第四次东渡又没有成功。

天宝七年（748 年），日本僧人再次来到扬州见鉴真，鉴真又筹备赴日本之事。但当船驶出长江口不远，海上的大风却把鉴真一行送到了海南岛南端的崖县（今三亚市崖州区）。因此，第五次东渡又告失败。

第五次东渡失败之后，鉴真的双目失明。但他还是坚持要完成东渡，继续准备和寻找时机。天宝十二年（753 年），鉴真在弟子的帮助下，开始了第六次东渡。11 月，船队扬帆出海，经过几番波折，鉴真一行终于在当年年底到达日本。第六次东渡最终成功。

鉴真到达日本后，受到日本举国上下的欢迎。他在日本的 10 年中，孜孜不倦地讲授佛学理论，传播博大精深的中国文化，为中日文化交流作出了很大的贡献。鉴真东渡是我国唐代一次非常重要的文化交流活动，是中国海洋文化史上重要的篇章。

鉴真东渡到达日本

大航海先锋——郑和

15 世纪初是大航海时代的开端，作为“大航海”的先锋，明朝郑和七

郑和像

下西洋（明初，人们把今文莱以西的东南亚和印度洋一带海域及沿海地区称为“西洋”），开启了中国的“大航海”时代。多年后，欧洲探险家的船队才出现在世界各处的海洋上。

明朝的大航海是为了提高明朝在国外的地位和威望，“示中国富强”，同时也用中国的货物去换取海外的奇珍。明朝在和西洋各国交往中奉行的是“厚往薄来”“不可欺寡，不可凌弱，庶几共享太平之福”，用精美瓷器、优质丝绸等作为礼物送给其他国家，也有的物品是用于贸易，互通有无，互利互补。郑和的船队先后到达亚洲和非洲的 30 多个国家和地区，最远到达非洲东海岸及红海沿岸，即今天的越南、印度尼西亚、泰国、柬埔寨、马来西亚、斯里兰卡、印度、伊朗、沙特阿拉伯、索马里、肯尼亚、坦桑尼亚等国家。

·信息卡·

2005 年 7 月 11 日，是中国航海家郑和下西洋 600 周年纪念日。郑和七下西洋拉开了人类走向远洋的序幕，中国政府决定把每年的 7 月 11 日定为中国航海日，同时也作为“世界海事日”在中国的实施日期。

郑和下西洋想象图

1405—1433 年，郑和率船队 7 次下西洋，共历时 28 年，这是我国古代持续最久的航海活动，堪称世界航海史上的空前壮举。郑和七下西洋和明朝的强大国力、先进的航海技术、造船技术是分不开的，是中国古代规模最大、船只和海员最多的远航活动，增进了中国与亚非国家和地区的相互了解和友好往来，为人类的航海事业作出了伟大贡献。

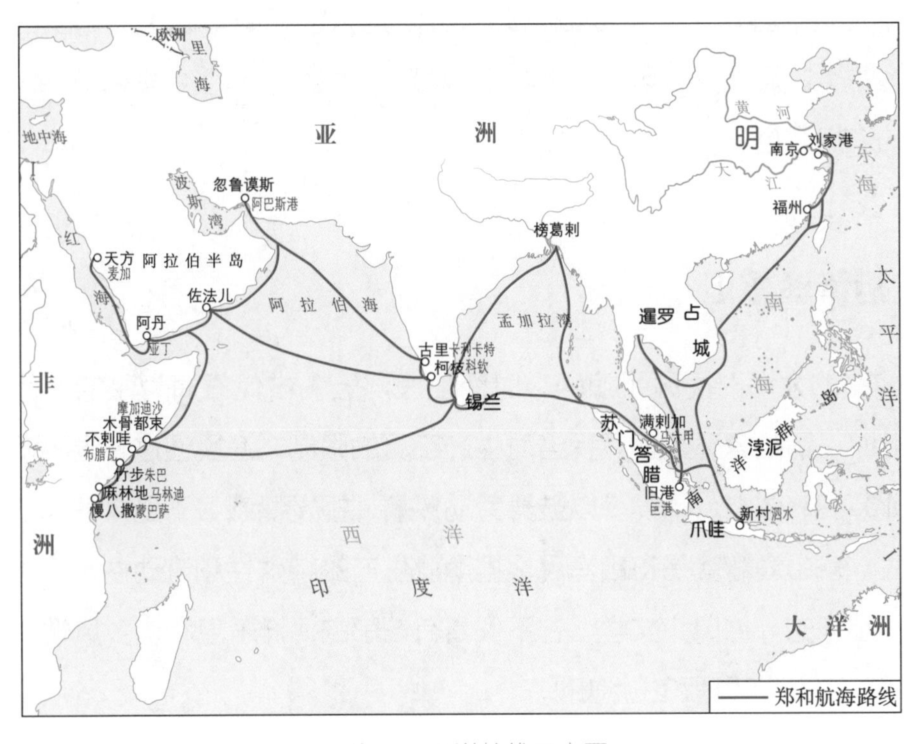

郑和下西洋航线示意图

除鉴真、郑和之外，中国古代还有许许多多优秀的航海家，如法显、汪大渊等。这些海洋探险家尽管经历的航程不同，但都有矢志不渝的信念和坚忍不拔的精神，不畏艰难地探索人类未知的领域，为人们了解和认识世界提供了宝贵的探险经历和精神财富。

你还知道哪些我国著名的航海家？向身边的朋友介绍他们的事迹。

第四节　各具特色海风俗

中国海域辽阔，海岸线曲折绵长，港湾众多，有些陆上、岛上的居民以海为生，因海而兴，因而也更懂得敬海、护海，留下了众多带有海洋特色文化的渔风民俗。

世代相传渔歌汇

神秘的大海时而风平浪静，时而巨浪滔天，古代靠海为生的渔民在出海作业时可谓险象环生。因受当时生产工具的限制，渔民通过哼唱小调来调整作业节奏、体力、精神，以鼓舞劳动热情、抒发情感，于是众多渔歌便应运而生。舟山渔歌就是舟山渔民根据渔业生产的特殊性和流动性，逐步积累和创作出来的一种口头文学，它不仅富有浓郁的海洋气息和渔乡风情，而且含有深刻的人生哲理和生活知识。

舟山渔歌可分为劳动歌、时政歌、仪式歌、情歌、生活歌、历史传说歌、儿歌等，有的反映渔民的渔业生产和劳动生活，有的反映习俗风情……它们从不同侧面反映了舟山渔民的生活状态，传达着渔民的爱憎和悲欢，也展现了海洋渔业生产的凶险和艰难，弥漫着强烈的海洋气息。如舟山渔歌《金塘谣》唱的就是不同海洋气候环境对渔船过金塘洋产生的影响：

无风无浪，升米过金塘；

有风有浪，斗米过金塘；

大风大浪，石（dàn）米也难过金塘。

歌谣中的“升米、斗米、石米”，是指船老大吃下的饭量，意思是指各

种风浪状况下，当时的渔船过金塘洋的难易程度。

·信息卡·　**“一石米”有多重？**

在古代，“石”既是重量单位，也是体积单位，不过古人更多地将“石”用于粮食的计量。到了清朝时期，很多制度都沿袭前代。在粮食计量方面，一石米等于一百二十斤（一石等于四钧；一钧等于三十斤，所以一石等于一百二十斤）。

流传很广的《水路歌》，就是将从宁波港启航，一直到南洋（大陈渔场），船只航行途中经过的主要山头、洋面、岙口、岛礁全都顺路唱出来，犹如一张活的航海图；《十二月鱼名调》，借用唱花名的形式，逐月唱出不同季节的各类鱼名，以及每种鱼的形态、习性、洄游规律等知识，唱得明明白白；《舟山渔场蛮蛮长》把舟山渔场的范围，每个洋面与洋面之间的衔接，都交代得一清二楚。古往今来，许多一字不识的渔民，就靠这种方法，传播知识，掌握生产技能，战天斗海，遨游海洋。

长久以来，舟山的歌谣生动地反映了当时舟山渔民的劳动和生活状态，具有浓郁的地方特色、强烈的生活气息和独特的艺术风格，作为劳动人民的口头文化遗产，至今仍有着它们存在的历史意义和价值。

敬若神明大海祭

沿海渔民世代以捕鱼为生，对大海充满天然的敬畏。在工具落后且渔船又小的年代，海是传说中的“龙王”的世界，人们认为海况好坏、船只安危、渔民生死等，也全掌握在“龙王”手中。为了祈求平安与丰收，出海祭“龙王”，丰收谢“龙王”，成为渔家传统习俗中不可缺少的精神寄托。如今，历经世代演变的渔民祭海活动，主要以各种渔民节的形式流传于沿海渔村，反映了人们对大海的敬畏与感恩之心。

（一）田横祭海节

田横祭海节是发源于山东省青岛市即墨区田横镇周戈庄村的地方传统民俗活动，传承至今已有 500 多年的历史。每年谷雨前后，为祈求来年渔获丰收，出海平安，当地渔民都要举行盛大的祭海仪式。渔民们认为，在祭海节这一天，谁家的鞭炮声势大，这一年便会兴旺发财，因此祭海多用的是千万响的大鞭炮，渔民们会将上千挂鞭炮同时燃放，场面十分壮观。随着鞭炮声各船主开始往空中大把抛撒糖果，有谁捡的糖果多，当年即交大运的说法。祭海仪式结束后，渔民们都在船上聚餐，并欢迎客人来船上同吃，来的人越多越好，表示接到的祝福越多。祭海节过后，渔民们便出海开始一年的渔业生产。2008 年，田横祭海节被列入第二批国家级非物质文化遗产名录。

田横祭海仪式的祭品

（二）象山开渔节

浙江省象山县位于东海之滨，每年休渔期结束之后举行的“开渔节”，开创了中国独一无二的海洋庆典活动，是中国著名民间节日之一。渔民们在出海前，要去敬拜妈祖，祭奠大海，祈求平安、丰收。如今，祭海仪式作为开渔节最具特色的活动之一，不仅是古老海洋文化的传承，更有着保护海洋、感恩海洋的深远意义，成为展现祭海敬神的古老仪式的文化盛宴。象山渔民还自发组织成立了海洋环保志愿者队伍，率先提出了东海夏季休渔的倡议，又提出了延长休渔期的倡议，得到国家海洋管理部门的认同。开渔节以“开渔”为号召，请来四方宾客，利用开渔节这一文艺舞台，奏响开发海洋、保护海洋、经贸洽谈、滨海旅游等推动经济发展的交响曲。

象山开渔节现场图

（三）胶东渔灯节

烟台地区位于胶东半岛，胶东半岛三面环海，自古以来，当地民众就多以渔盐舟楫为业，由此也孕育出了丰富多彩的海洋民俗文化。其中，正月“祭海”最为典型，而盛行在芦洋、初旺、八角一带的“渔灯节”堪称代表。渔灯节是从元宵节分化出来的一个专属渔民的节日，是沿海渔民对海神信仰的一种表现，主要祭祀对象为“龙王”和“海神娘娘”，距今已有

500 多年历史。每年正月十三或正月十四，沿海渔民以户为单位，自发地从各自家里抬着祭品，打着彩旗，一路放着鞭炮，先到龙王庙或海神娘娘庙送灯、祭神，祈祷鱼虾满仓，平安发财；再到渔船上祭船、祭海；最后到海边放灯，祈求海神娘娘用灯指引渔船平安返航。在渔灯节期间，渔民们会在庙前搭台唱戏，还会在港口进行扭秧歌、舞龙等活动，使整个节日充满了烟火气息。正因为其深具人文魅力，2006 年，渔灯节被列入山东省首批非物质文化遗产名录。2008 年，渔灯节又被列入第二批国家级非物质文化遗产名录。

胶东渔灯节现场图

人类的生命来自海洋，海洋文化是人类文明的重要组成。现代祭海仪式，在保持了人们对大海的敬畏的基础之上，作为保护海洋、感恩海洋的一种载体，也对人类保护海洋，增进人与自然和谐相处有着积极影响。中国广大沿海地区的各种渔风民俗，都充满着迷人的大海气息，在五千多年中华文明发展史中，丰富着人们的精神世界与物质世界。

第二章 水天一色海茫茫

在人类赖以生存的地球上，有广阔的陆地，还有一望无际的海洋。海洋是人类生命的起源之地，为人类的繁衍生息提供了源源不断的物质和能量。那么，茫茫大海到底是什么样的？海水又是如何运动的……本章将从海洋的概况、海底地形、海水的性质、海水的运动四个方面展示广阔的海洋世界。

第一节　极深研几探海洋

人们对地球的认识是不断深入的，随着载人航天技术的发展，人类可以在太空看到地球的全貌。遨游太空的宇航员看到地球上有陆地、海洋，感叹地球太可爱了。那么如此可爱的地球到底是什么样的？地球的“皮肤”到底是由什么构成的？它又是怎么形成的呢？

地球全景图

地球上的海洋

从地球仪或地球卫星照片上可以看出，地球表面明显分为陆地和海洋。海陆分布构成了地球的基本面貌，而地球上的海陆格局经过了漫长的发展演变，才得以形成今天人们看到的样子。地球上的海洋是相互连通的，共同构成统一的世界大洋；而陆地是相互分离的。因此在地球表面，是海洋包围、分割所有的陆地，而不是陆地分割海洋。

陆地，通常意义上是指地球表面未被水淹没的部分，由大陆、岛屿、半岛等部分组成。它的平均海拔高度为 875 米。

海洋是地球上最广阔的水体的总称。海洋的中心部分称作洋，边缘部分称作海，彼此相通组成统一的水体。地球上的陆地和海洋总面积约为 5.1

亿平方千米，其中海洋的总面积约3.61亿平方千米，占地球表面积的71%，陆地的总面积约1.49亿平方千米，占地球表面积的29%。由此可见，地球表面超过三分之二的地方被海水覆盖，所以从太空中看到的地球是一个蓝色的球体。

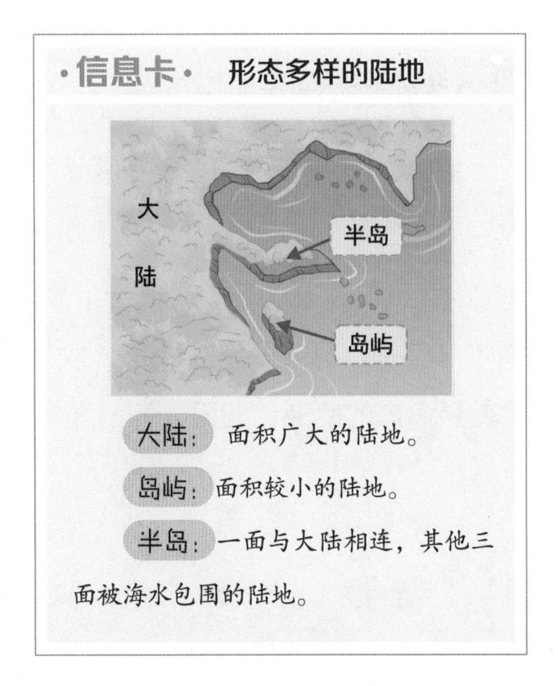

在地球表面，海洋和陆地的分布十分不均衡。全球陆地面积的67%集中在北半球，而世界海洋面积的57%集中在南半球。在北半球，海洋的面积约占海陆总面积的61%；在南半球，海洋的面积约占81%。北纬60°～70°一带，陆地占海陆总面积的71%，而南纬56°～65°之间几乎没有陆地，因而有人把北半球称为"陆半球"，把南半球称为"水半球"。

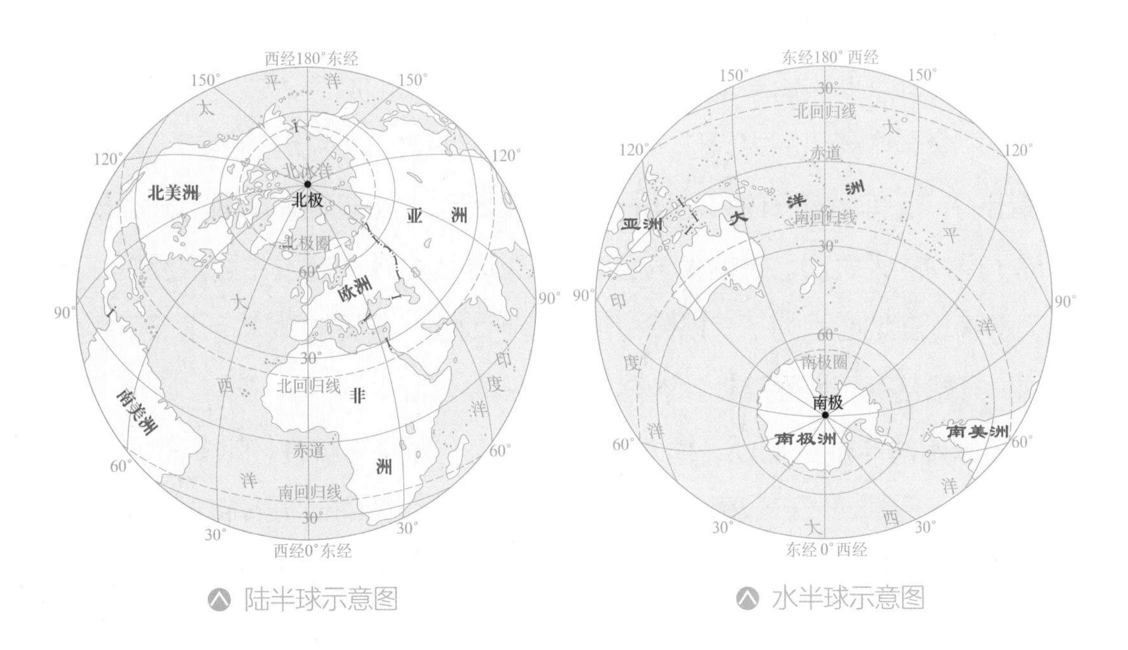

陆半球示意图　　水半球示意图

风发泉涌海诞生

既然地球表面有71%的区域被海水覆盖，那么海洋又是怎么形成的呢？人类生活的地球已经经历了46亿年的沧桑变化，而海洋则出现于距今44亿年前后。海洋的形成是一个复杂而漫长的过程，但其背后的道理却很简单，首先，形成海洋需要有一大片低洼的地带，这个低洼地带便是海床，也就是海洋的底部，如果人们把海水全部抽干，看到的就是海床。

·信息卡·　　海床

海床，又称“海底”，是指海洋板块构成的地壳表面，它对陆地形态的演变及地质史有重要影响。海床与陆上地形非常相似，有高山和深谷、缓坡和平原以及沟壑和丘脊。

有了海床，还需要另一个不可或缺的要素，就是海水。海水又来自哪儿呢？一种说法是，在地球演化初期，海水主要来自无数撞击地球的“冰彗星”或微行星，这些“冰彗星”或微行星不断地将大量的水运至地球，与降水一起降落到地面，汇集成巨大的水体，形成原始的海洋。另一种说法是原始地球就像一个炙热的大火球，到处都是喷发的火山和流动的熔岩。随着岩浆喷出的，还有大量气体和尘埃，这些气体和尘埃比较轻，渐渐上升，最后形成了原始的大气层。原始大气层的各种物质混合在一起发生剧烈反应，产生了水滴，在地心引力下，以降雨形式落到地面。滚烫的雨水持续下了很长时间，开始结存于地面洼处，这是海水的主要来源。

在原始海洋形成初期，海水并不是咸的，而是带酸性、缺氧的。水分不断蒸发，反复地成云致雨，又重新落回到地面，把陆地和海底岩石中的盐分溶解，不断地汇集于海水中。经过亿万年的积累融合，才变成了大体上均匀的咸水。同时，由于当时大气中没有氧气，也没有臭氧层，紫外线可以直达地面，靠海水的保护，生物首先在海洋里诞生。大约在 38 亿年前，海洋里产生了有机物。大约 6 亿年前，海洋里有了海藻类，海藻在阳光的照射下进行光合作用，产生了氧气。随着时间的推移，在多种光化学反应的综合作用下，形成了人类和万物生存所必需的相对稳定的臭氧层。此时，生物才开始登上陆地。

总之，经过水量和盐分的逐渐增加，及地质历史上的沧桑巨变，原始海洋逐渐演变成今天的海洋。

探索与实践

尝试用栅格法计算地球海陆面积比例。

计算过程步骤说明：

1. 估算东西半球的方格总数。

2. 估算陆地方格。用红笔在方格中画点（方格中含有 1/2 以上陆地的才画点，正好占 1/2 的就记为 0.5 个）。

3. 计算地球海陆面积比例。

提示：陆地方格总数除东西半球总数，得到结果后再换算成百分数即可。

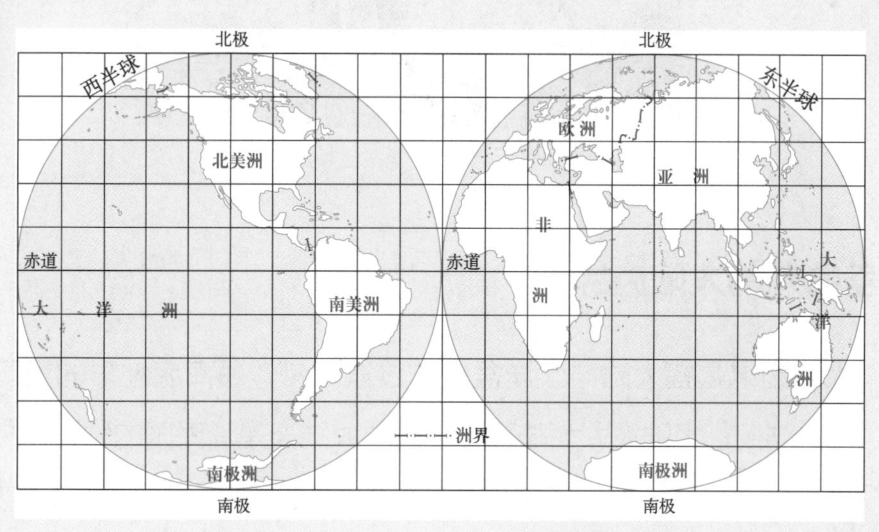

第二节　神秘莫测海世界

海洋无边无际，十分辽阔，海底世界更是神秘莫测。古时，人们从事渔猎、航海等活动时，主要活动于海面和浅海，因此对海底世界了解甚微。但是，随着科技的不断发展，海洋探测已经深入到海底的很多角落，海底地貌的形态逐步为人们所认识。海底世界的面貌和人们居住的陆地十分相似，既有高耸绵延的海底山脉，又有平坦开阔的海底平原，还有深不可测的海沟……这些形形色色的海底地貌，构成了神奇的海底世界。

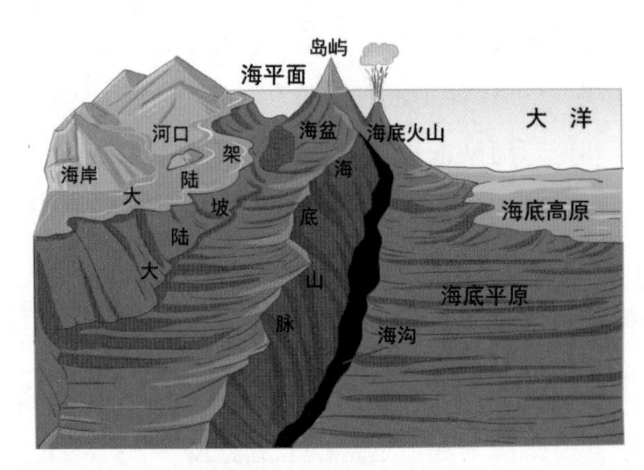

海底地形示意图

高差悬殊的大陆边缘

大陆边缘是指大陆与大洋盆地的过渡地带，是海底地形的重要组成之一，由大陆架、大陆坡、大陆隆等构成。大陆架是沿海国的领海以外依其陆地领土的全部自然延伸，扩展到大陆边缘的海底区域的海床和底土的范围，一般坡度较缓。大陆架接受来自大陆的河流沉积物和营养盐，可以说，大陆架是整个大陆边缘中海洋植物和海洋动物最丰富的地方。

世界上的大型渔场大部分分布在大陆架海域，并且世界上 90% 的渔获量都来自大陆架海域。此外，大陆架还蕴含丰富的矿藏资源，人们已发现石油、煤、天然气、铜、铁等 20 多种矿产，其中已探明的石油储量约占整个地球石油储量的三分之一。

我国近海大陆架是世界上最宽广的大陆架区之一。渤海和黄海全部位于大陆架上。东海约三分之二的海域在大陆架上，大陆架宽度为 240～650 千米，是亚洲东部最宽阔的大陆架。南海也有二分之一的海域在大陆架上，广东、广西沿岸大陆架宽 180～260 千米。台湾岛以东的海域大陆架狭窄，最宽处仅十几千米。

由大陆架向外伸展，海底坡度突然增大，形成一个相对陡峭的斜坡，叫大陆坡。大陆坡的坡度较陡，坡面常被很深的海底峡谷切割，最深处达数千千米，宽度从数十千米到数百千米不等，地形崎岖，是地球上绵长而壮观的斜坡。我国海域的大陆坡，主要分布在东海、台湾岛以东海域与南海，表现为陡窄的阶梯与海槽、海沟相伴分布，它们是西太平洋的新生代构造活动带，火山、地震较为频繁。

大陆隆是大陆坡坡麓向大洋盆地缓慢倾斜的海底沉积带，坡度较平缓，深度在 2000 ~ 5000 米，主要分布在大西洋、印度洋、北冰洋和南极洲周围，在太平洋西部边缘海的向陆一侧也有分布，但太平洋周围的海沟附近没有大陆隆。

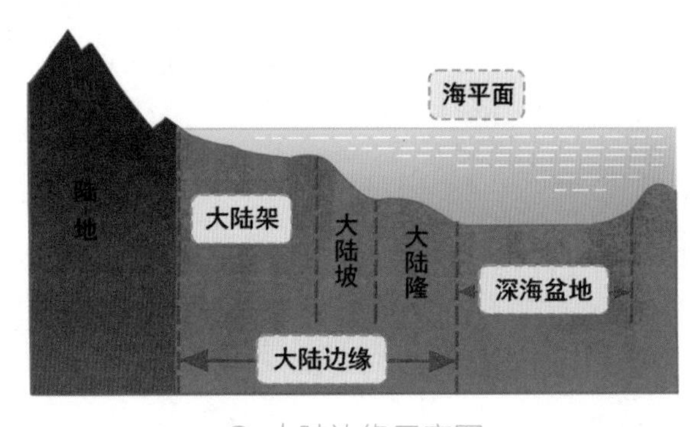

大陆边缘示意图

狭长陡峭的海沟

·信息卡·　板块

板块是板块构造学说所提出来的概念。板块构造学说认为，岩石圈并非整体一块，而是分裂成许多块，这些大块岩石即为板块。板块处于不停运动之中，并在不同性质的构造部位产生各种机理的岩浆活动、成矿作用、地震等。正因为板块运动与上述地质现象的对应性，板块构造学说可用以解释世界火山和地震带的形成、矿产的分布和各地貌的形成等。

马里亚纳海沟

海沟是海底地形之一，深度一般在 6000 ~11000米的海底狭长形凹地。地球是由不同板块拼接组合而成的，当大洋板块的前缘俯冲到大陆板块之下，就会形成一个很深的俯冲地带，即为海沟。世界上的大洋中分布着众多的海沟，其中马里亚纳海沟是世界最深的海沟，世界最高山峰珠穆朗玛峰放到马里亚纳海沟内都不能露出海面。马里亚纳海沟全长约 2550 千米，为弧形，平均宽 70 千米。这里水压高、温度低、含氧量少，几乎处于黑暗之中，且食物资源匮乏，因此成为地球上环境最恶劣的区域之一。2019 年 5 月28 日，中国远洋综合科考船“科学”号的科考队员，在马里亚纳海沟南侧海山发现了近 10 片五彩斑斓的珊瑚林，林内各种珊瑚和柱星螅等集聚生长，犹如“海底花园”一般，实属罕见。

凹凸不平的大洋盆地

大洋盆地是大洋底的主体部分，约占海洋总面积的 45%，是指周围绕以海岭、海台等高地的深海盆地。

海底火山是形成于浅海和大洋底部的各种火山，包括死火山和活火山。海底火山主要分三类，即边缘火山、洋脊火山和洋盆火山。深海的各种海山和大洋岛屿都是洋盆火山的产物，世界洋底共有火山约 2 万座，其中太平洋分布最广，约有 1 万座。海山有尖顶和平顶两种，平顶海山顶部水深达 200 米，一般认为是曾露出水面的古代火山，因顶部被波浪削平后下沉形成。

海底平顶火山示意图

大洋盆地的主要部分是水深 4000～5000 米的开阔水域，叫作深海盆地，其底部平坦，微有起伏。在各大洋的深海盆地中还分布有坡度小于千分之一的深海平原，它是地壳表面最平坦的地方。深海平原是不规则的基岩被大量沉积物覆盖而形成的，它们大多分布于陆地物质供应丰富的地带，以大西洋最多。

绵延全球的大洋中脊

大洋中脊是大体沿大洋中线延伸的海底山脉，可以说是地球上最长、最宽的山系，它像人们所见过的陆地上的山脉一样，不同的是，它绵延在海底。大洋中脊非常长，贯穿太平洋、大西洋、印度洋和北冰洋，总长度达 70000 千米，宽度达 1000～4000 千米，面积约占世界海洋总面积的三分之一。大洋中脊通常高出洋底 2000～4000 米，脊顶处水深多为 2000～3000 米，少数山峰露出海面，形成了海上常见的岛屿。

此外，大洋中脊是地壳运动最活跃的地带，经常发生地震、火山喷发（包括岩浆上升）等现象，是地球内部能量的排泄口。从海底扩张和板块构造学说的角度来看，大洋中脊是洋底扩张的中心和新地壳产生的地带。在大洋中脊“火山口”，灼热的岩浆由地幔向上涌，逐渐冷却，结合周围已软化的岩石形成新的洋壳，新生成的洋壳挤压大洋中脊两边已有的地壳，不断向外扩张，最终在板块的交界边缘俯冲回地幔。因此，洋壳在大洋中脊出生，在板块与板块的撞击中消亡。

海底世界就是这么神奇，变幻莫测。海底世界的神秘令人神往，也激发着人类的探索欲。面对海洋的探索，人类还有很多路要走。

·信息卡· **世界四大洋**

世界上有四大洋，分别是太平洋、大西洋、印度洋、北冰洋。四大洋相互沟通，连为一体，包围着各大洲。全球海洋总面积约为3.61亿平方千米，其中太平洋约占世界海洋总面积的50%，大西洋约占世界海洋总面积的25%，印度洋约占世界海洋总面积的21%，北冰洋约占世界海洋总面积的4%。

世界大洲和大洋分布简图

第三节　波光粼粼海水观

如果说宝岛台湾的日月潭像盛满珍珠的玉盘，那么东海就仿佛星光涌动的银河。正如曹操在《观沧海》中所说的那样，“日月之行，若出其中。星汉灿烂，若出其里”。海纳百川，多姿多彩，人们不仅敬畏海的宽广，也赞叹海的美妙……那么，海水是什么样子的？它和陆地上的淡水有什么区别？

为什么海水有颜色？

一杯海水和一杯自来水一样，都是无色透明的。但是，人们在海边看到的海水又分明是蓝色的。极目远眺，蔚蓝的海水与天空一色，如梦如幻。其实，海水并不都是蓝色的，从深蓝到碧绿，从微黄到棕红，甚至白色、黑色等都是大海的颜色。海洋呈现的色彩，是由海水的光学性质和海水的深度、海水中所含的悬浮物质及云层的特点等决定的。

海水对不同波长的光的吸收、反射和散射的程度不同，光波较长的红光、橙光、黄光，射入海水后，随海洋深度的增加逐渐被吸收了。一般来说，在水深超过 100 米的海洋里，这三种波长的光大部分都能被海水吸收，并且还能提高海水的温度。而波长较短的蓝光和紫光遇到较纯净的海水分子时会发生强烈的散射和反射，于是人们所见到的海洋就呈现一片蔚蓝色或深蓝色。近岸的海水因悬浮物质较多，对绿光吸收较弱，散射较强，所以多呈现浅蓝色或绿色。

海水中的悬浮物质会影响海水的颜色。黄海之名的由来就与海水中的

海水颜色由浅蓝过渡到深蓝

悬浮物质有关。历史上，黄河有七百多年的时间都是注入黄海的，因其挟带大量泥沙入海，使得入海口附近海域中悬浮的泥沙含量升高，海水呈现黄色，故而此处海域得名“黄海”。

海水中的浮游生物也会对海水的颜色产生影响。浮游生物包括各种藻类、原生动物、细菌等，它们在海水中的数量和种类会随着海域、季节和环境的变化而变化，从而影响海水的颜色。位于阿拉伯半岛和非洲之间的红海就是一个典型例子。其实，红海呈现出的红色并不是海水本身的颜色，而是生长在红海中的束毛藻大量繁殖使海水呈现出红色。红海所处地区的气候炎热干燥，海水蒸发量大，这种环境非常适合束毛藻生长，于是它们疯狂繁殖，直到把海水“染”成红色。

红海

但是，绚丽的色彩有时候并不代表海洋是“健康”的。当海洋受到污染时，海水呈现的颜色就会异常，表现出红色、橙色、黄色、褐色等鲜艳的色彩，这恰恰是危险信号。

为什么海水有味道？

与人类日常生活饮用的淡水相比，海水为什么又咸又苦？原来，海水中含有很多盐类物质，其中 90% 左右是氯化钠，也就是食盐的主要成分。另外还有含氯化镁、硫酸镁、碳酸镁及含钾、碘、钠、溴等各种元素的其他盐类。那么，海水中为什么有这么多盐类物质？

原来，海水中的盐类物质来自陆地的岩石和土壤。在 46 亿年前，地球刚刚诞生，而后形成的原始海洋中的海水一开始并不是咸的，后来因为地壳运动、火山喷发，形成了大量的水蒸气，于是就不断下雨。当雨水降到地面，便向低处汇集，形成小河，汇成大江，最后都流进大海。水在流动过程中，经过各种土壤和岩层，带走了各种盐类物质，这些物质随水被带进大海。海水不断蒸发，盐的浓度就越来越高。而海洋的形成经过了几十亿年，所以海水中含有这么多的盐类物质也就不奇怪了。

不同地理位置的海水，盐度不一样，即使是同一片海域，海水的盐度也不相同。一个海域中海水的含盐度随深度而发生变化。在全球大部分地区，表层海水在太阳的照射下，不断蒸发失去水分，而盐则留了下来，这使得表层海水比下层海水温度和盐度更高。随着深度的增加，海水含盐度的变化越来越小，4000 米深处的海水，含盐度变化基本趋于零，尝起来就很接近淡水了。

不过，高纬度海域的海水盐度变化则刚好相反。随着深度的增加，含盐度反而会增高，比如北冰洋就是这样。由于地处高纬度，北冰洋表层海水接收到的太阳辐射较其他地区的海水少得多，水分蒸发得少，其表层海水的盐分浓度相较其他海域要低得多。

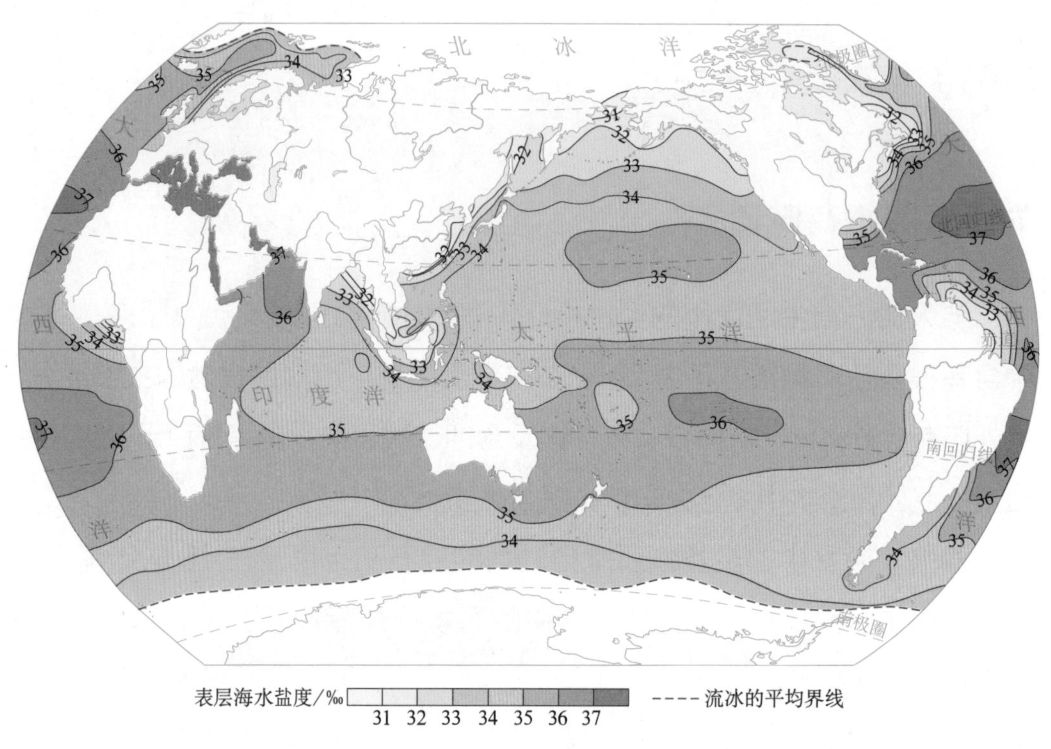

世界海洋 8 月表层海水盐度分布图

海水温度是如何变化的？

海水温度反映海水的冷热状况，它主要取决于海洋热量的收支情况。太阳辐射是海洋的主要热量来源。海水蒸发消耗热量，是海洋热量支出的主要渠道。从垂直分布来看，海水温度随深度增加而变化，通常情况下，表层海水水温最高。1000 米深度以内的海水温度随深度变化幅度较大，而 1000 米以下的深层海水温度变化幅度较小。

从水平分布看，全球海洋表层的水温由低纬度向高纬度递减，相同纬度海洋表层的水温大致相同。从季节分布来看，同一海区的表层水温，夏季普遍高于冬季。海洋表层水的温度状况，还受到海陆分布、大气运动、海水运动等因素的影响。

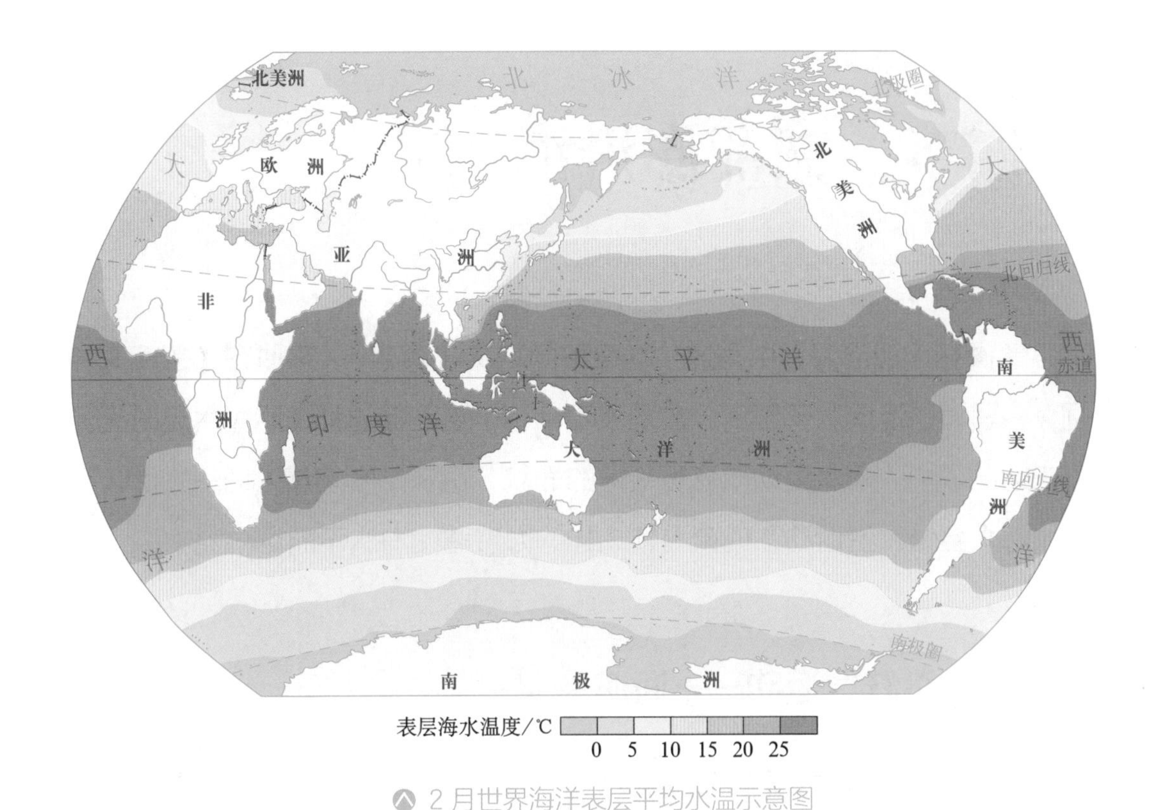

2 月世界海洋表层平均水温示意图

海水的温度不仅影响海洋生物的分布，也影响海洋运输。纬度较高的海域，海水有结冰期，因此船舶在冰封海域航行就需要装备破冰设备。

海水的神秘、美妙还远不止于此，光与海水的交织成就了波光粼粼与多姿多彩的海洋，陆地与海洋的牵手也造就了海洋的独特味道和壮美景观。

第四节　汹涌澎湃海运动

曹操在《观沧海》中写道“秋风萧瑟，洪波涌起”，高骈在《题南海神祠》中写道“沧溟八千里，今古畏波涛”……这些描述都说明海水无时无刻不在运动之中。海水运动改变着地球的面貌，也深刻影响着人们的生活。那么，海水会做哪些运动？究竟是什么样的力量驱使海水不断运动呢？

海水的“跳跃”运动——海浪

海浪就是海洋中的波浪，是表层海水运动最常见的基本形式之一。最常见的海浪是由风力形成的，通常风力越大，浪高越高，能量越大。因而当台风过境时，往往会有狂风暴雨和滔天巨浪。

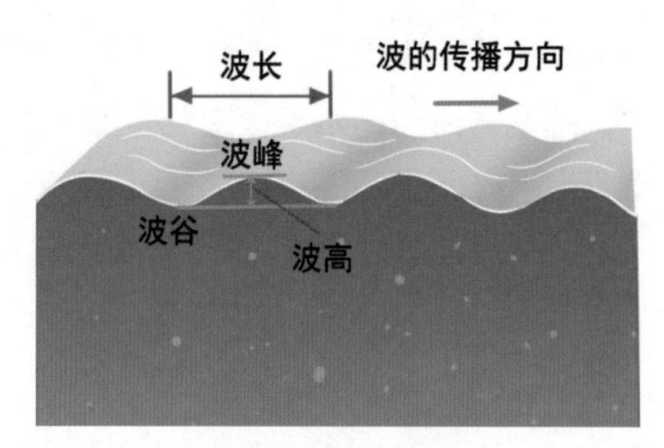

波浪要素示意图

人们常说“无风不起浪”，事实真的如此吗？其实，海底地震、火山喷发或水下滑坡等也会引起海水的波动，甚至形成巨浪。海浪对人类在海洋上的各种活动都有影响，其中对海上航行、海上施工、海上军事活动、渔业捕捞等影响最大。灾害性海浪可引起海上船舶倾覆、折断和触礁，摧毁海上平台，给海上运输和施工、渔业捕捞、海上军事活动等带来很大灾害。灾害性海浪不仅能冲击摧毁沿海的堤岸、海塘、码头和各类建筑物，还伴随风暴潮，沉损船只、席卷人畜，并致使大片农作物受淹和各种水产养殖产品受损。此外，海浪有时还会挟带大量泥沙进入海港、航道，造成海港、航道淤塞等灾害。

当然，海浪也并不是只会带来灾害，它还是大海赐予人类的“礼物”。海浪不仅可以为人类发电、推动船只移动，还可以将海滩上的石块击碎磨光，淘走泥土，留下洁净的沙子，为人们创造海滨浴场。岩石海岸还会被海浪雕琢出海蚀崖、海蚀柱、海蚀洞等海岸景观，供人们游览观赏。

海浪

烟台养马岛海蚀洞

海水的“蹲起”运动——潮汐

居住在海边的人们，根据潮涨潮落的规律，在潮落时，到海岸捡拾鱼虾、贝类，这种活动俗称赶海。海水的这种涨落现象早在古代就被中国先民发现了。在遥远的古代，中国先民把白天称为“朝”，晚上称为“夕”，后来发现海水有规律的日夜涨落，也就把白天的海水涨落称为“潮”，夜晚的海水涨落称为“汐”，合称“潮汐”。最初，人们猜想或许是“海龙王”掌管大海的水量，定时收放海水，才导致了海水潮涨潮落。后来，人们渐渐发现海水涨落与月球有密切关系。东汉王充在《论衡 · 书虚》中提出“涛之起也，随月盛衰”，也就是说潮汐的涨落是与月球有关的。

由于引潮力主要来自月球和太阳，而地球、月球和太阳相互的位置因公转和自转而不断变化着，引潮力的方向和大小也在不断变化中；海洋面积十分广袤，水面分布又很不均匀，且各处水深也不相同，这些对潮汐产生不同的影响，使各处的潮汐现象非常复杂，形成各种潮汐类型，主要分为半日潮、全日潮、混合潮三种。

半日潮就是在一个太阴日（24 时 50 分）内出现两次高潮和两次低潮的潮汐类型。半日潮分为正规半日潮和不正规半日潮两种。前者相邻两个高潮或低潮的潮高几乎相等，涨潮时与落潮时也几乎相同；后者相邻两个高潮或低潮的潮高不相等，涨潮时与落潮时也不相同。全日潮是指在一个太阴日内出现一次高潮和一次低潮的潮汐类型，涨潮时和落潮时相等。混合潮又分为不正规半日潮和不正规全日潮，前者在一个太阴日内有两次高潮和两次低潮，但相邻的高潮或低潮的高度不等，涨潮时和落潮时也不相同；后者在半个月内全日潮不超过 7 天，其余天数为不正规半日潮。

天体运行有固定的规律，潮汐具有周期性，每日潮涨潮落的时间是可以确定的。因此，人们在观赏潮汐带来的壮观景象之外，也利用潮汐来服务生产、生活，如引导船舶涨潮时进港，即将落潮时出港；利用潮汐进行发电等。

海水的“长跑”运动——洋流

海洋中的海水常年比较稳定地沿着一定方向作大规模的流动，叫作洋流。洋流是海水运动的一种形式，规模巨大，远远超过河流的流量。

寒流与暖流

一般来说，水温低于所经海区的海流叫作寒流。寒流绝大部分从高纬度流向低纬度，使经过的地方降温、减湿。水温高于所经海区的海流叫作暖流。暖流对沿途地区有增温、增湿的作用。

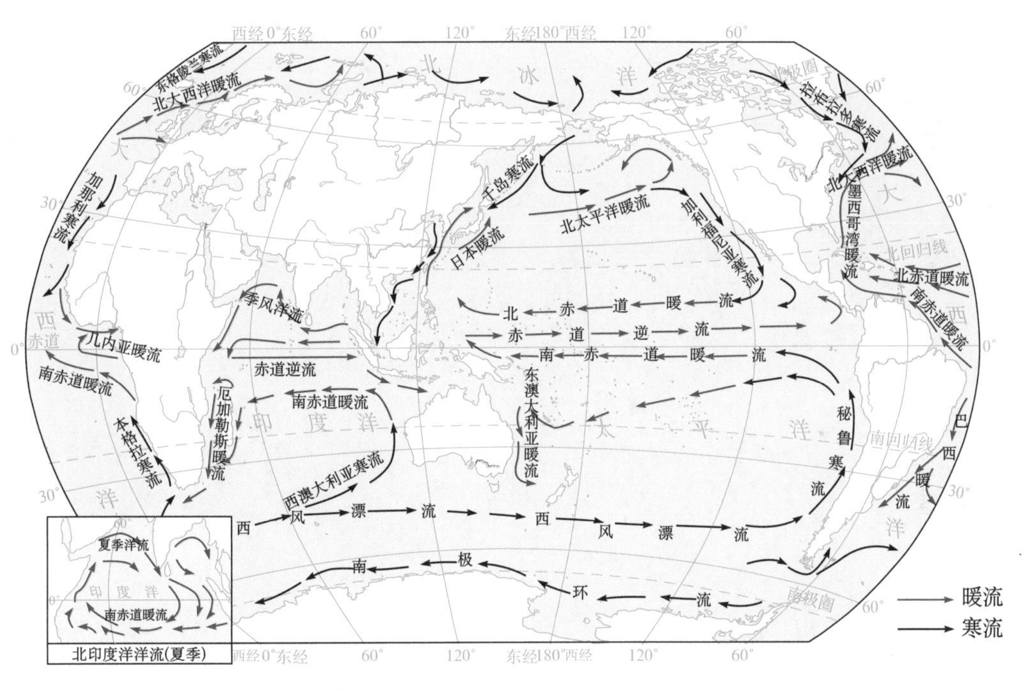

世界表层洋流分布图（北半球冬季）

洋流对海洋生物资源和渔场的分布有着显著的影响。寒暖流交汇的海域，海水受到扰动，可以将下层营养盐类带到表层，有利于浮游生物大量繁殖，易于形成大的渔场。洋流对于海洋航行也有影响，海轮顺着洋流的方向航行能够节省大量的燃料，加快航行速度。但是，洋流从极地地区挟带冰山向较低纬度漂移时，会给海上航运造成较大威胁。

海水运动不止，汹涌澎湃，生机勃勃。海洋在哺育着人类的同时，也助推着世界各国的经济往来和文化交融。21 世纪，随着科学技术的飞速发展，人们迎来了开发海洋、利用海洋的新时代，在新技术的助推下，人们也会更加合理开发利用海水资源，为人类服务。

利用吹风机，模拟海水运动——海浪和洋流（可准备一条纸船，观察纸船的运动）。

第三章 鉴古知今话海疆

纵观中国的发展史，中国人的海洋实践从未停歇。从秦人徐福船队远航、汉代船队驶出马六甲，到唐代鉴真东渡日本、明代郑和下西洋……不难看出，中国人开发、利用海洋的事迹不绝于史，漫长的与海共生的历史实践，不仅使中国人培养了“海纳百川，有容乃大”的家国情怀，更为国家治理海疆奠定了基础。

第一节　海洋大国显优势

在中国的版图上，不只有黄土地，还有蓝海水。中国不仅是陆地大国，也是名副其实的海洋大国。

名副其实的海洋大国

中国地理位置十分优越，依山傍水，海陆兼备，坐落在世界上面积最大的大陆——亚欧大陆的东部，濒临世界上最大的大洋——太平洋。中国除了主张管辖的 300 万平方千米海域外，还拥有总长约 1.8 万千米的大陆海岸线和总长约 1.4 万千米的岛屿岸线，以及大大小小的海岛 1.1 万余个。

中国的大陆海岸线，北起鸭绿江口，南至北仑河口，总长度约 1.8 万千米，仅次于澳大利亚、俄罗斯、美国和加拿大。我国的海岸线不仅长，形态也是多种多样，有的弯弯曲曲，有的却较为平直。从高空俯瞰，有的海岸线低平，河流入海口处泥沙堆积，形成河口三角洲；有的海岸线在海陆相接处是隆起的丘陵或山地，这样特殊的地形使得海水深度大，利于船舶航行、停泊，是修建大型港口的好地方；还有一种生物海岸，包括珊瑚礁海岸和红树林海岸，其中红树林海岸具有涵养水源、降解污染、净化水质、调节气候等多种生态功能。

在中国辽阔的海洋上，分布着许许多多的海岛，这些海岛像蔚蓝大海中的珍珠，灿若星河。中国的海岛大小不一，形态各异，海岛总数超过 11000 个，是名副其实的“万岛之国”。众多的海岛约占我国陆地面积的 0.8%，大部分分布在东海和南海。有些岛屿成群分布，如舟山群岛；有些

浙江舟山衢山岛

岛屿与陆地之间或相邻的岛屿之间形成海峡，如台湾海峡和琼州海峡，它们多为交通要道。

大洋深处有矿藏

在国家的专属经济区、领海或内水或群岛国的群岛水域以外的全部海域称为公海。在公海海域，所有国家船只均可以自由航行。《联合国海洋法公约》提出，国际海底区域及其资源确定为人类的共同继承财产。任何国家不应对国际海底区域及其资源主张或行使主权或主权权利，由国际海底管理局代表全人类行使。按照《联合国海洋法公约》规定，国际海底管理局是主管深海海底区域资源勘探、开发的国际组织，我国的公民、法人和其他组织在获得国务院海洋主管部门颁发的许可后，还需要按照《联合国海洋法公约》和国际海底管理局规章的规定和要求，向国际海底管理局提交勘探、开发申请，获得核准，签订勘探、开发合同成为承包者后，方可从事勘探、开发活动。承包者在合同期内，依法取得对深海海底区域合同区内特定资源的专属勘探、开发权。因此，中国作为海洋大国，非常重视深海探测，随着综合国力和海洋勘探技术的不断提高，自 2000 年以来，中国的海底寻宝之路不断取得新成绩。截至 2022 年，中国在太平洋和印度洋的海底获得 5 块拥有专属勘探权和优先开采权的矿区，是在国际海底区域拥有勘探合同数量最多、资源种类最全的国家。

“蛟龙号”载人潜水器

“潜龙三号”潜水器

▲ 大国重器助力深海探测（部分）

·信息卡·　中国深海寻宝之路

1. 2001 年，获得东太平洋多金属结核勘探矿区，面积约 7.5 万平方千米
2. 2011 年，获得西南印度洋多金属硫化物勘探矿区，面积 1 万平方千米
3. 2013 年，获得西太平洋富钴结壳勘探矿区之后，我国也成为世界上首个拥有三种主要国际海底矿产资源专属勘探矿区的国家
4. 2015 年，获得东太平洋海底多金属结核资源勘探矿区，面积为 7.274 万平方千米
5. 2019 年 7 月，获得西太平洋多金属结核勘探矿区，面积约 7.4 万平方千米

……

第二节　辽阔的中国海域

中国是一个海陆兼备的国家，既有广阔的陆地，又濒临渤海、黄海、东海、南海及台湾岛以东的太平洋等辽阔的海域。渤海、黄海、东海、

中国濒临的海域示意图

南海连成一片，呈东北—西南向弧形排列，环绕在我国大陆的东面和东南面。

半岛环抱的内海——渤海

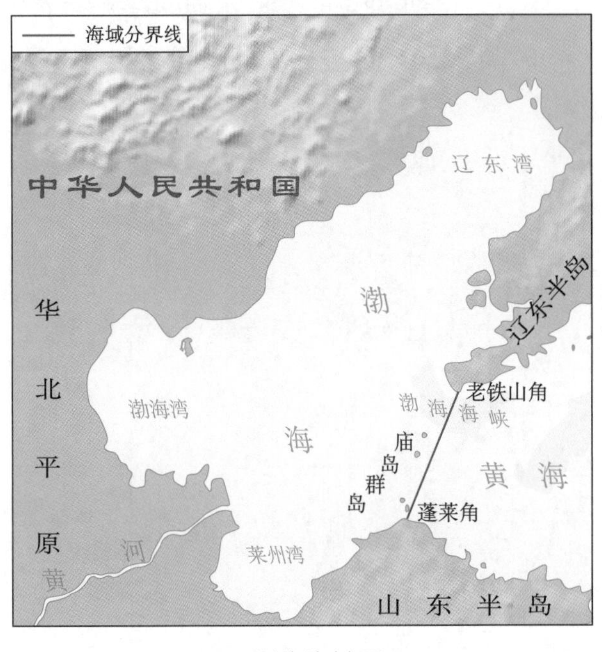

渤海海域图

渤海是中国最北边的海。从高空俯视，辽东半岛南端老铁山角与山东半岛北岸蓬莱角相对峙，像一双巨臂把渤海环抱起来。渤海是一个半封闭的大陆架浅海，平均水深约 18 米，沿岸有辽东湾、渤海湾和莱州湾。黄河、辽河、海河等河流从陆上带来的大量泥沙，就沉积在渤海中。

在中国濒临的海域中，渤海面积虽然是最小的，但资源非常丰富。渤海有着丰富的渔业资源、港口资源、石油资源和海盐资源，可以说是我国

渤海湾中的海上石油平台

重要的资源“聚宝盆”。

渤海周边地区气候干燥，日照充足，且有大面积平坦的海滩，非常适合晒盐，是我国最大的盐业生产基地，有长芦盐场、辽东湾盐场、莱州湾盐场等。

渤海的石油、天然气储量丰富，如 2023 年人们在渤海又发现了一个亿吨级储量的油田，名为渤中 26-6 油田。据了解，渤中 26-6 油田探明地质储量超 1.3 亿吨油当量，能够开采原油超 2000 万吨，提炼成汽油后可供 10000 辆小汽车正常行驶 30 年，同时可开采天然气超 90 亿立方米，能够满足天津市常住人口使用近 15 年，具有可观的社会效益与经济效益。

海拔起算零点——黄海

黄海是我国三大边缘海之一，辽东半岛南端的老铁山角至山东半岛北岸的蓬莱角的连线是渤海和黄海之间的分界线。黄海南北长约 870 千米，东西宽约 556 千米，总面积约 38 万平方千米，整个海区均在大陆架上，平均水深 40 米，是一个大致呈南北向的半封闭大陆架浅海。

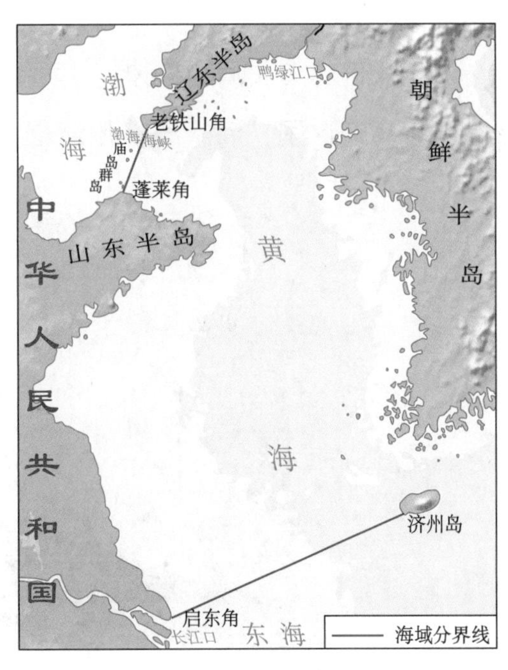

黄海海域图

黄海北临辽东半岛，西临山东半岛、苏北平原，东侧是朝鲜半岛，东南通过济州海峡、朝鲜海峡与日本海相通，南部以长江口东北岸的启东角与韩国济州岛的西南角连线为界，与东海分隔。

山东半岛东端的成山角与朝鲜半岛长山串的连线，将黄海分为北、南两部分。长山群岛是黄海最大的群岛，位于辽东半岛东侧的黄海北部海域，是我国八大群岛之一。

从 1956 年起，我国采用青岛验潮站所测的多年平均海平面（即黄海平均海平面）作为全国大地高程的起算面。而目前，我国使用“1985 国家高程基准”推算国家水准网中各水准点的高程，并作为全国新的统一的高程控制系统。

拥有海岛数量最多的海域——东海

东海是位于我国大陆东部的开阔的边缘海，北部与黄海相连，东北与日本海相通，东面和南面隔着九州岛、琉球群岛和我国的台湾岛与太平洋相通，西南面通过台湾海峡与南海相通，南面以广东南澳岛与台湾岛南端的鹅銮鼻的连线为界，与南海分隔。东海南北长约 1300 千米，东西宽约 740 千米，总面积 79.48 万平方千米，东海北部较浅，南部较深，最大水深 2719 米。

东海的大陆海岸线曲折，港湾众多，岛屿星罗棋布，我国一半以上的岛屿分布在这里，海湾以杭州湾最大。东海海域主要有台湾岛、舟山群岛、

浙江舟山群岛东极岛灯塔

澎湖列岛、钓鱼岛及其附属岛屿等。舟山群岛是我国第一大群岛，位于长江口以南、杭州湾以东，有 1300 多个大小岛屿，其中舟山岛为我国第四大岛。

因为东海主要属于亚热带气候区，浮游生物众多，因而东海是各种鱼虾繁殖和栖息的良好场所。东海有我国著名的舟山渔场，盛产大黄鱼、小黄鱼、墨鱼和带鱼。

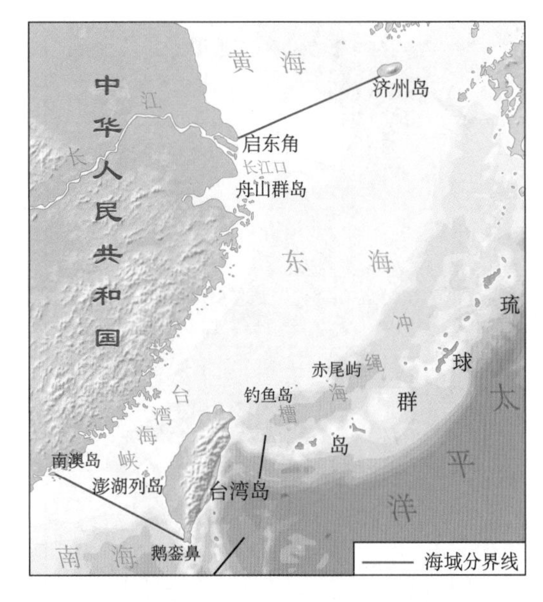

东海海域图

海域面积之首——南海

南海是位于我国大陆南部的边缘海，是中国近海中面积最大、最深的海区。东南至菲律宾，南至加里曼丹岛，西南至越南和马来半岛等地，是一个较为完整的深海盆地。南海东北面通过台湾海峡与东海相接，东面通过巴士海峡、巴林塘海峡、巴拉巴克海峡与太平洋及苏禄海相通，南面通过卡里马塔海峡连接爪哇海，西南面通过马六甲海峡沟通印度洋。南海平均水深 1200 多米，最大深度 5567 米，是我国最深、最大的海。

南海有四大群岛，分别是东沙群岛、西沙群岛、中沙群岛和南沙群岛。南海诸岛处在太平洋和印度洋之间的咽喉要道上，是东亚通往中东、南亚，以及非洲和欧洲最快捷的海上

·信息卡·

2012 年，国务院批准设立地级三沙市，隶属海南省。三沙市下辖西沙群岛、南沙群岛、中沙群岛的岛礁及其海域，总面积 200 多万平方千米。三沙市成为中国最南端的城市，同时也是全国总面积最大、陆地面积最小、人口最少的地级市。

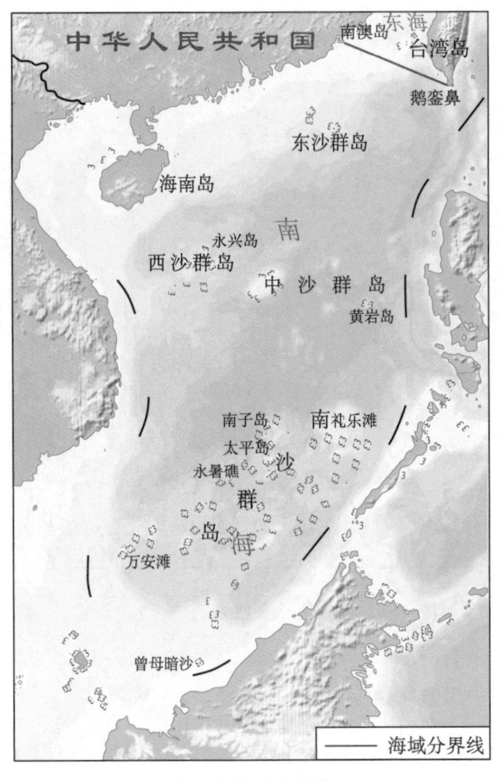

南海海域图

之路，也是我国的海防前哨。

由于南海主要位于热带地区，所以南海海域有丰富的水产、石油和天然气资源，是我国开发海洋资源的重要基地。

台湾岛以东的太平洋海域

中国濒临的海域也包括台湾岛以东的太平洋海域。台湾岛以东的太平洋海域指琉球群岛以南、台湾岛和巴士海峡以东的太平洋水域。该海域总体上大陆架较窄，紧连着大陆坡、深水海盆和海槽。由于该海域位于西太平洋新生代的构造活动带，所以火山、地震活动频繁。其海底地形起伏变化大，地貌类型齐全，具有独特的断层海岸，多姿的海蚀港湾海岸、珊瑚礁海岸与火山岛海岸。

台湾省花莲县的清水断崖奇观

第三节 不可胜数的海岛

海洋里的岛屿就像洒落的珍珠，散布于广阔的海域和沿岸地带。如果有人坐着船，从渤海起航，经黄海、东海进入南海，沿着总长度约 1.8 万千米的大陆海岸线航行时，就会看到形态不一、大小各异的海岛。它们巍然伫立于海面，不仅点缀着寂寥的大海，也形成了一道天然的海上屏障。这些海岛独具特色，是我国领土的重要组成部分。

津津有味话海岛

海岛是指四周被海水包围，高潮时依旧露出海面的小块陆地，有“海上明珠”的美誉。我国是一个海洋大国，同时也是世界上海岛数量最多的国家之一，在我国辽阔的海域里，分布着各式各样的海岛。我国的海岛主要分布在渤海、黄海、东海和南海四大海域之中，且分布不均，约 90% 的海岛分布于东海与南海。

海南万宁石梅湾加井岛

海岛类型及特征

全世界的海洋中分布着众多的海岛，那么，这些海岛都有哪些类型呢？由于成因、形态、物质组成、所处位置、面积等方面的差异，海岛有多种分类方法：有按照面积划分的，如中国面积最大的海岛是台湾岛；有按照位置进行划分的，如中国最北边的是小笔架山；有按照物质组成进行划分的，如中国第一大岛台湾岛属于基岩岛，崇明岛则属于泥沙岛。

我国海岛的种类繁多、类型齐全，几乎囊括了世界海岛的所有类型。按照成因可将海岛分为大陆岛、海洋岛和冲积岛。

（一）大陆岛

大陆岛是指地质构造上同大陆相似或相联系的岛屿。一般位于大陆附近，原为大陆一部分，后因地壳沉降或海面上升与大陆分离成岛。我国93%的海岛属于大陆岛，具有丰富的自然和人文空间，最具代表性的是台湾岛、海南岛等，这些岛屿在我国海洋开发和利用中占有重要的地位和作用。

（二）海洋岛

海洋岛又称“大洋岛”，指发育过程与大陆无直接联系的、在海洋中单独形成的岛屿。按照成因，海洋岛可分为火山岛和珊瑚岛两种。

火山岛是由海底火山的喷发物质堆积而成的岛屿。火山岛通常地势高峻陡峭，主要分布在太平洋西南部、印度洋西部和大西洋中部。我国的火山岛数量较少，主要有钓鱼岛、赤尾屿、涠洲岛等。这些岛屿虽然面积不大，但是附近海域蕴藏着丰富的油气资源，同时在海洋划界中也起着十分重要的作用。

珊瑚岛是由珊瑚礁构成，或在珊瑚礁上形成的沙岛。珊瑚岛一般面积

鸟瞰涠洲岛

较小，地势低平，四周通常被大面积的珊瑚礁群所环绕，主要分布在热带、亚热带海域。我国的西沙群岛、南沙群岛、中沙群岛、东沙群岛等都属于珊瑚岛。

（三）冲积岛

冲积岛，又称堆积岛、泥沙岛，是在江河入海口处由泥沙经年累月堆积而成的岛屿。冲积岛地势低平，地貌形态也较为简单，一般由沙、黏土等碎屑物质组成，土地肥沃，水资源丰富，可开发成良田，发展农业。我国面积最大的冲积岛是长江口的崇明岛，为我国仅次于台湾岛和海南岛的第三大岛。

航拍崇明岛风光

自古以来，海岛就是渔民劳作的场所，是海洋航路的航标，是海上交通和鸟类迁徙的驿站，也是航船躲避风浪的港湾。海岛给人们以美丽憧憬，使人产生无限向往和探险冲动。今天，海岛的功能、意义、地位等都在不断扩大，海岛同生态、环境、资源、国土的联系也在不断加深。

探索与实践

请你在中国地图上，找一找自北向南的海岛有哪些。离你家乡最近的海岛是什么类型的岛？

第四节　水陆相连海之湾

经过长期以来的海洋科学调查研究，人们已经逐步认识到，海洋是一个巨大的资源宝库，而海湾是海洋的重要组成部分。海湾是离人类最近的海域，绝大部分海洋资源都可以在海湾中找到，是人类最早从事海洋开发活动的区域。捕捞、养殖、建港等多集中在这里，海湾在人类海洋活动中有着重要的意义。

千差万别的海湾形态

在全世界范围内，海湾的数量是非常多的。然而，不同地区海湾的分布具有不平衡的特点。总体来说，海湾基本上分布在亚洲、欧洲、北美洲三大洲的周围。在其他一些地区，由于海岸线比较平直，所以海湾不多。由于海湾与海、海峡都存在于海洋的边缘部分，所以它们通常与半岛共存。关于海湾的出口则有很多种，通常情况下，海湾的一侧与海或洋相连，如我国的渤海湾、辽东湾、莱州湾……

从海湾的形状来说，它们也是千差万别的，有半圆形、三角形、方形、狭长形、喇叭形、葫芦形等，如我国的杭州湾呈喇叭形等。

四通八达的港口

环境优美、资源丰富的海湾，不仅为人们提供了亲海戏水的空间和重要的食物，更为沿岸经济的发展创造了优越条件。自从世界航海业发展起来之后，海港成为国家和地区间经济文化交流的要地，海港城市的工商业、交通运输业、金融业和服务性行业随之迅速发展。在世界各地，利于建港的一些海湾常常在港口的带动下，成为综合的经济区域，邻近海湾的陆上会快速出现一些经济发达的中心城市或城市群。我国现有港口城市多数位于河口或者海湾岸边。统计数据显示，在全球货物吞吐量和集装箱吞吐量排名前 10 名的港口中，我国港口占了 7 个。其中，2022 年，上海港集装箱吞吐量突破 4730 万标准箱，连续第 13 年蝉联全球第一。

上海港为何能成为世界第一大港口呢？上海港的优势在于地处长江三角洲前缘，水陆交通便利，运输渠道畅通，其沿海运输网可辐射到长江流域甚至全国。经过半个多世纪的建设和发展，上海港已成为一个综合性、多功能、现代化的大型主枢纽港。

上海洋山港

休养生息的海家园

海湾是海洋经济发展的核心区之一，也是海洋中受人类影响最大的区域。那么，人们应该如何保护海湾，使海湾得到休养生息，继续发挥其优势呢？

首先，为了改变过度捕捞给海湾造成的影响，政府颁布了每年 2~4 个月的禁渔期强制休渔，让原有的水产资源得到充足的时间生长与繁殖，更好地保护鱼类及其他海洋生物。

其次，对沿岸的污水处理设施进行改造升级，同时沿海湾建立人工湿地，人工湿地具有净化水质、维持生物多样性、防风消浪等功能。热带、亚热带沿海的红树林有“海岸卫士”“海洋绿肺”的美誉，近年来，我国红树林的保护和修复取得积极进展，初步扭转了红树林面积急剧减少的趋势。

北部湾红树林

渤海湾地区河流众多，湖泊、池塘等星罗棋布，再加上漫长的浅海滩涂，构成了丰富多样的湿地景观。渤海湾湿地是东亚鸟类重要的迁徙通道，每年春、秋季节都有大批水鸟途经此地并做短暂停歇。为了保护渤海湾的湿地和水鸟，我国已经把天津大黄堡、北大港、七里海等列入“国家重要湿地名录”，并建立了多处自然保护区，不仅对海湾的水质环境进行保护，也为迁徙的候鸟建立了中转家园。

天津北大港湿地公园

珊瑚礁是“海洋中的热带雨林”，发挥着重要的生态效应，科学工作者用人工方法在海底“植树造林”，他们先培育珊瑚幼苗，让珊瑚幼苗在苗圃中长成“小树”，然后再将其移植到相应的海域。目前，在三亚湾海域，人们已陆续投放人工礁体，逐步修复该海域珊瑚礁生态系统。

作为人类离海洋最近的海域，海湾可以说是一个相对独立、完整的生态系统，它为海洋生物提供了重要的栖息地，更为人类获取资源和发展经济提供了重要场所。目前，人们正在采取实际行动建设美丽海湾，保护海洋生态环境，让这里永远成为生机盎然的乐土。

在中国地图上沿着海岸线设计一次富有特色的海湾旅行。

第四章 洋洋大观海家园

海洋广阔无边，美丽壮观，是一个巨大的生态系统，与人类的生存和发展息息相关。海洋是地球生命的摇篮，孕育了无数神奇的生命：从最初微小简单的单细胞生物到现今体型庞大的鲸类，从随波逐流的浮游藻类到固守一方的珊瑚，无一不是生活在这个蓝色家园中的成员。

第一节　鸿蒙初辟海“摇篮”

古人认为，天地开辟之前是一团混沌的元气，这就是鸿蒙，生命在其中孕育。而地球上真正孕育生命的这团“元气”正是广阔的海洋，无数的生命从海洋中走来。

生命或诞生于“原始汤”

地球上的生命是如何诞生的，这个问题一直让科学家难以解释。多年来，科学家一直在研究地球生命的起源，并提出了包括“原始汤”起源说、海底热液起源说等众多假说。其中，地球生命起源于海洋一直是科学界的主流看法。

科学家认为，在距今 40 亿年前后，海洋中就产生了有机分子，这些有机分子是闪电等能源与原始大气中的甲烷、氨和氢等发生化学作用而形成的。最早的有机小分子在原始海洋中产生后，经过长期积累和互相作用，在条件适合的情况下形成有机高分子物质——原始蛋白质分子和核酸分子。它

原始地球

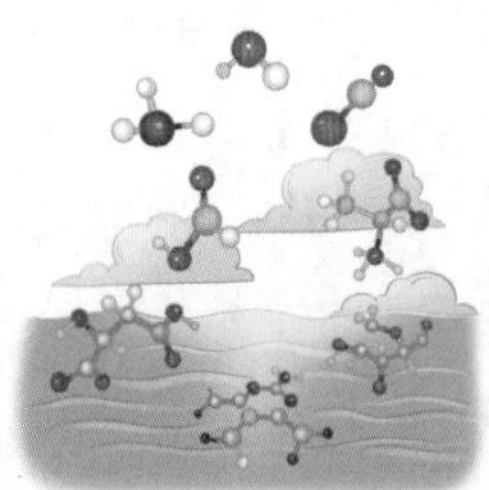
有机小分子

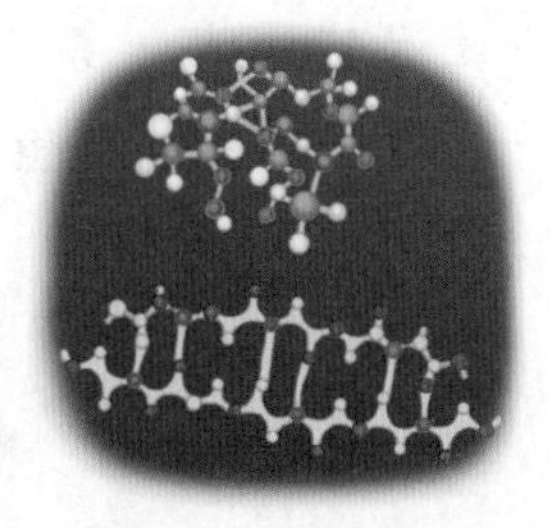
有机高分子

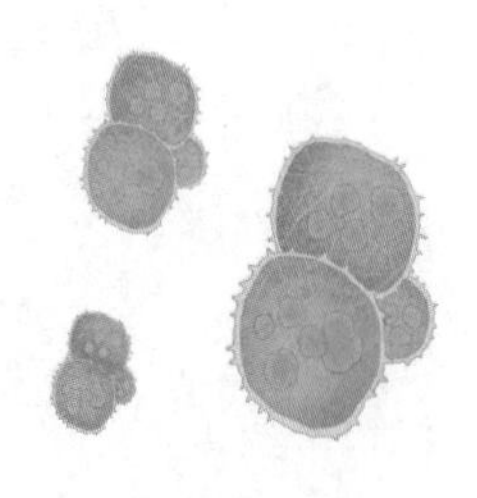
原始生命

生命起源示意图

们是构成生物体的最重要的物质。有机高分子在海洋中越积越多，相互作用，构成一个独立的多分子体系，漂浮在水面上，进而演变成具有新陈代谢作用和能够进行繁殖的原始生命。这是一个非常漫长的过程，这个过程是在原始海洋中逐渐完成的，海洋也就成了生命的摇篮。

最古老的生命形态是什么样的？

目前人们发现的原始生命结构简单，没有明显的细胞核，科学家们推测它们生活在原始海洋中，生命活动不需要氧气，或者低水平需氧，能进行简单的分裂繁殖。

18 亿年前左右，具有细胞核的真核细胞出现了。在之后的十多亿年中，生命的演化仿佛被按下了“暂停键”。可以肯定的是，生命的进化是一个漫长的过程，而这个过程很有可能也是在原始海洋中完成的。

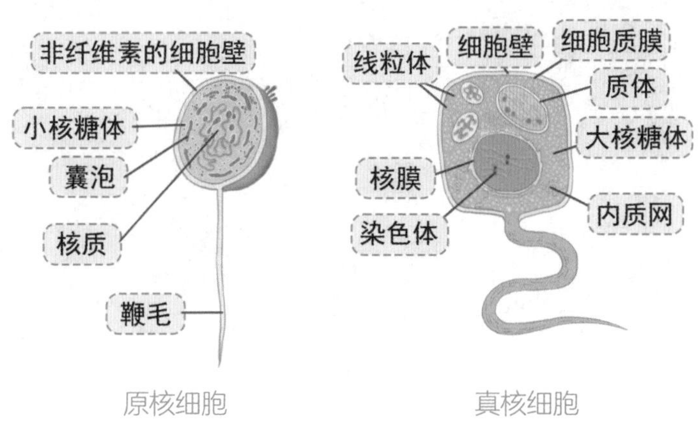

原核细胞和真核细胞结构比较示意图

原始生命虽然简单，但已经包含了现代生物体内所包含的全部化合物，如水、蛋白质、核酸、糖类、脂质、无机盐等，并且具有了生命的初步特征，能够进行简单的繁殖、代谢，并且能适应周围环境。

生命大爆发

真核细胞出现后又经历了漫长的时间，直到距今 5.42 亿年的早寒武纪，地球生命演化史上出现了一次大规模、影响深远的生物辐射演化事件。此时，地球上的动物种类开始突然增加，在短短的 2000 多万年时间内，出现了各种各样的动物，包括节肢、海绵、软体、腔肠等多细胞无脊椎动物，它们不约而同地迅速起源、进化、繁衍，形成了多种门类动物同时存在的繁荣景象。这一快速的生命演化事件，被称为“寒武纪大爆发”。

寒武纪水下古生物复原示意图

寒武纪生命大爆发最有力的化石证据，是被科学界称为“二十世纪最惊人的科学发现之一”的澄江生物化石群。澄江生物化石群位于云南澄江帽天山附近，是保存完整的寒武纪早期古生物化石群，虽然经历了 5 亿多年的沧桑巨变，这些原始海洋动物软体构造仍然保存得相当完好。千姿百态、栩栩如生的化石为人类生动地展现了 5 亿多年前海洋生命的壮丽景象。通过对澄江生物化石群的研究，科学家对“寒武纪大爆发”有了更深入的认识。

三叶虫化石

锥形原始管虫化石

科学家对化石进行研究后发现，在寒武纪时，海洋生物之间已经存在捕食关系，如奇虾类化石的发现表明寒武纪早期海洋中已经建立起了由“金字塔”形食物链构成的复杂生态系统，巨型的食肉动物统治着寒武纪海洋。奇虾长着一对带柄的巨眼，一对分节的、用于快速捕捉猎物的巨型前肢，一张碗口大的嘴里长着利牙，还有一对长长的尾叉和美丽的大尾扇，它的个体最大有 2 米以上。当时其他大多数动物平均只有几毫米到几厘米大小，因此奇虾是当时海洋食物链的顶端捕食者。

澄江化石地世界自然遗产博物馆内展出的澄江奇虾

随着海洋生物的不断演化，到了泥盆纪（4.19 亿年前—3.59 亿年前），鱼类时代到来了，进化中的总鳍鱼登上了陆地；而两栖类动物徘徊于水陆之间，向更高的形态发展；进而爬行类动物在与大自然搏斗中诞生了，其中脊椎动物有一部分在更大程度上摆脱了对水的依赖；爬行类动物进一步进化便出现了哺乳类动物和鸟类动物，哺乳类动物中的猿，经过漫长的进化，最终进化成人类。

由此可见，从天地一片鸿蒙到无数生命诞生，海洋就如同一个巨大的摇篮，孕育了包括人类在内的万物生灵。直到现在，海洋仍是一个巨大的生物资源宝库。

第二节　各显其能海生态

在生机勃勃的海洋世界中，由一定海域内的生物群落与周围环境相互作用构成的自然系统，叫作海洋生态系统。海洋生态系统主要包括红树林生态系统、珊瑚礁生态系统、海草床生态系统、牡蛎礁生态系统、海藻场生态系统、盐沼生态系统等不同类型。它们各具特色，都有着重要的生态功能。

红树林生态系统

富含单宁酸的红树科植物

红树林生长在陆地和海洋的过渡地带，由水椰、海桑等红树科植物为主体的常绿乔木或灌木组成。

看到它的名字，人们可能会产生这样的疑惑，红树林真是红色的吗？其实，从外观上看，红树林和其他树木并没有什么区别，都是郁郁葱葱的。红树的名称来源于红树科植物木榄，木榄的树干、枝条、花朵都是红色的，且树皮割开后也是红色的。红树科植物的树皮富含单宁酸，可以提取红色染料，当这种物质暴露在外面时，就会因氧化呈现红色，故由此得名“红树”。

红树林植物多种多样。在红树林中，既能找到在潮间带生长的“真红树植物”，也能找到不仅可以在潮间带生存，还可以在陆地环境中自然繁殖的两栖木本植物，即“半红树植物”。此外，红树林外缘生长着的一些草本植物和小型灌木，称为“伴生植物”。我国的红树林主要分布于海南、广东、广西、福建、浙江、台湾等地。

红树林是湿地生态系统的重要组成部分，具有净化海水、防风消浪、固碳储碳等重要作用，是各种野生动物和鱼虾蟹贝等海洋生物的栖息地。

红树林是地球上生物多样性和生产力最高的海洋生态系统之一。一方面茂盛的红树林每年向林地及附近海域输送大量的枯枝落叶，这些枯枝落叶经微生物分解，成为鱼虾蟹贝等海洋生物的营养物质和能量来源；同时，由江河水挟带而来的营养物质和泥沙也在红树林滩涂淤积，使之成为底栖生物的理想家园。另一方面，繁茂的红树林是动物较好的隐蔽场所，并为动物提供了丰富的食物。红树林还是候鸟重要的中转站和越冬地。因此，在红树林生态系统中，生物多样性极为丰富。

广东湛江金牛岛红树林中的白鹭

生态系统

生态系统，指生态群落及其物理环境相互作用的自然系统，包含四个基本组成成分：无机环境、生产者（绿色植物）、消费者（草食动物和肉食动物）、分解者（腐生微生物）。生物之间存在食物链（或食物网）的相互关系。

红树科植物的根系十分发达，盘根错节地深入滩涂之中，可以起到净化海水的作用。同时，红树林对海浪和潮汐的冲击有着很强的适应能力，可以护堤固滩、防风消浪、保护农田、降低盐害侵袭等，对保护海岸起着重要的作用，是陆地的天然屏障。

此外，红树林是最具特色的湿地生态系统，兼具陆地生态和海洋生态特性，其特殊的环境和生物特色使得红树林成为自然的生态研究中心，对发展科普教育、生态旅游业也有积极作用。

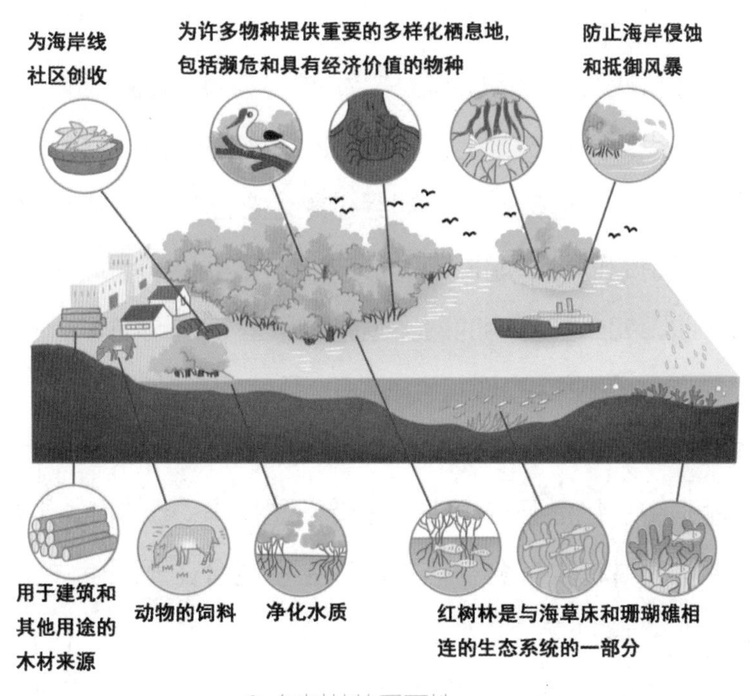

红树林的重要性

珊瑚礁生态系统

珊瑚礁是热带、亚热带海洋中的一种石灰质岩礁，主要由造礁珊瑚的石灰质遗骸和钙藻、贝壳等长期聚结而成。在海底世界中，珊瑚礁一直都是一道亮丽风景，它们的奇特形状和艳丽的颜色也为人们所津津乐道。而珊瑚礁的“建筑师”竟是珊瑚虫。

草皮珊瑚

珊瑚虫是海洋中的一种腔肠动物，从外观形态上可分为石珊瑚与软珊瑚两类。其中，石珊瑚又称硬珊瑚，群体中大部分都是由矿物质所组成，是建造珊瑚礁的主要种类；软珊瑚则仅有骨针，群体比较柔软。石珊瑚在生长过程中能吸收海水中的钙和二氧化碳，然后分泌出碳酸钙（石灰石），变为自己生存的外壳。珊瑚虫一群一群地聚在一起，一代代地新陈代谢、生长繁衍，同时不断分泌出碳酸钙骨骼（也就是珊瑚）。在漫长的过程中，这些碳酸钙骨骼经过黏合、压实、石化，慢慢形成了岛屿和礁石，也就是珊瑚礁。珊瑚礁的形成，除了小小的珊瑚虫，有时还需要其他生物的帮助，如一些含钙的藻类植物和一些软体动物等。

珊瑚礁除了有独特的形状和美丽的颜色，在整个海洋生态系统中还充当着重要的角色。它们为大量的生物提供了栖息空间，成千上万的海洋生物生活在珊瑚礁中，包括各种鱼类、无脊椎动物等。珊瑚礁可以为这些生物提供遮蔽和保护，并提供养分。这些海洋生物也会在珊瑚礁中建立复杂的食物链，构成一个繁荣的海洋生态系统。

珊瑚礁对全球气候有重要的调节作用。珊瑚礁可以吸收大量的二氧化碳，缓解全球气候变化对海洋的影响。而珊瑚礁对海岸线的保护作用也不容忽视，它们可以减缓海浪对海岸的冲击。对于那些依赖海洋生态系统的人类社区来说，珊瑚礁的这种保护作用也非常重要。

此外，珊瑚礁也是一些工业、新型海洋药物的原料，同时还是潜水观光、休闲娱乐的场所，带给人类丰富的体验，激发人类无尽的想象。

海南分界洲岛海下的珊瑚礁

总之，珊瑚礁在海洋生态系统中具有非常重要的作用。保护珊瑚礁不仅对海洋生态系统的平衡和生态安全具有重要意义，也能为人类提供各种各样的好处。

海草床生态系统

海草，是地球上唯一可以完全生活在海水中的高等被子植物，主要生长于河口或海洋中，有能够适应海洋环境的根、茎、叶，可开花并形成种子。大面积的连片海草被称为海草床。我国的海草床分布可划分为两个大区：南海海草床分布区和黄渤海海草床分布区。我国海草的种类非常多，共包含 4 科 10 属 22 种。

海草生长于近海海岸淤泥质或沙质沉积物上，可抓牢泥土，从而减弱海浪冲击力，减少沙土流失，起到巩固及防护海床底质和海岸线的作用。一棵海草虽然光合作用力量有限，但连片的海草，却是海岸带“蓝碳”的重要组成部分。

△ 海草床

生产力极高的海草床如同一个巨大的“产房”，为多种海洋生物提供了重要的栖息地和繁衍场所，鱼、虾、蟹，还有儒艮、海胆、绿海龟、海马等动物都生活在这里。海草床里的腐殖质特别多，在海草床中，大量的腐殖

△ 海草床生态系统的重要作用

质被分解，释放出氮、磷等营养元素，这些营养元素溶解于水中被海草和浮游生物重新利用，而浮游植物和浮游动物又是幼虾、鱼类及其他滤食性动物的食物。因此，在海草床生态系统中，密集的食物链和食物网为海洋生物的生活提供了良好的保障。除了保护生物多样性、固碳，海草床还兼具缓解海水酸化、护堤减灾等生态功能。海草床的健康状况很大程度上反映了当地的污染程度，因此也被称为“生态哨兵”。

除了以上三种典型的海洋生态系统，自然界还有多种不同类型的海洋生态系统，如极地海洋生态系统、深海热液区生态系统等。可以说，海洋生态系统是全球最重要的生态系统，影响着全球生态系统的稳定与安全，人类生存及社会的经济、政治、文化发展均与海洋息息相关。

第三节　千姿百态海生命

海洋是“生命的摇篮”，从原始生命在海洋中诞生到海洋中的生物逐渐演化并最终登上陆地，创造了这生生不息的世界。如今，伴随着海洋探测技术的不断发展，人们能够近距离接触那些千姿百态的海洋生物。

色彩斑斓的海洋植物

海草

海洋植物是海洋中利用叶绿素进行光合作用以产生有机物的自养生物，是海洋生物的重要组成部分，包括藻类植物和种子植物的海草、红树林等。它们是海洋的初级生产者，不仅为人类提供大量的食品、工业原料，还起着改善环境、过滤水体、为许多重要的经济动物提供栖息地等作用。

藻类植物是一类比较简单、古老的低等植物，分布的海域极广，从热带到两极，凡潮湿的地区，都可找到它们的踪迹。海藻是海洋生物中的一个大家族，包括蓝藻门、红藻门、甲藻门、金藻门、硅藻门、褐藻门、绿藻门，它们和海洋中的种子植物（海草、红树林等），共同构成了特殊的海洋植物群落景观。

研究表明，藻类植物中含有各种藻胶、蛋白质、氨基酸、脂肪酸、维生素等成分，营养价值很高，所以很多海藻已被人们直接食用，如海带、紫菜、裙带菜、石花菜等。

被晾晒的海带　　石花菜

数量众多的海洋微生物

海洋中数量最多的生物，不是自由穿梭的鱼类，也不是随波摇曳的植物，而是人们肉眼看不到的微生物。这些不起眼的“小不点儿”，要用显微镜才能看到，但数量巨大，在海洋生态系统中发挥着非常重要的作用，其生态功能与资源环境关系密切。

海洋微生物的种类包括原核生物、真核生物和非细胞生物类群。其中，原核生物包括古菌、细菌和放线菌等；真核生物包括变形虫、纤维虫、真菌等；非细胞生物类群包括病毒、噬菌体等。

以海洋细菌为例，海洋细菌在海洋中分布广、数量多，是海洋微生物中重要的成员。海洋细菌有自养和异养、光能和化能、好氧和厌氧、寄生和腐生、浮游和附着等类型，可以说，几乎所有已知生理类群的细菌，都可以在海洋环境中找到。海洋细菌在海洋生态环境中发挥着重要作用。一方面，海洋细菌可以作为分解者，分解水中大量的有机质，释放矿物质，以满足海洋生物的需要；另一方面，它们也可以吸收有机质，经过食物链实现二次生产。通过自身的代谢，海洋细菌还可以将一部分容易吸收的生物碳，转化为不容易吸收的有机碳。这些有机碳留在了大海中，有利于缓解全球变暖的局势。

琳琅满目的海洋动物

海洋动物是指终生或部分时间生活于海洋中的动物。海洋动物种类不胜枚举，各类别的形态结构和生理特点可以有很大差异，小到单细胞的原生动物，大到长度超过数十米、重量可超百吨的鲸类。

珊瑚虫是构成珊瑚礁生态系统的主要物种，它和水母、水螅、海葵等动物都属于腔肠动物，这类动物的主要特征是身体结构尤为简单，身体辐射对称，体表有刺细胞，有口无肛门。

鲎，是一种节肢动物，因头胸甲形似马蹄，亦称马蹄蟹。鲎为暖水性的底栖动物，喜潜砂穴居，只露出剑尾。鲎的食性很广，以动物为主，经常以底栖的小型甲壳动物、小型软体动物、环节动物等为食，有时也吃一些有机碎屑。鲎的血液是蓝色的，内含血青素（与血红素相似，但以铜代铁）和一种有凝血作用的变形细胞。

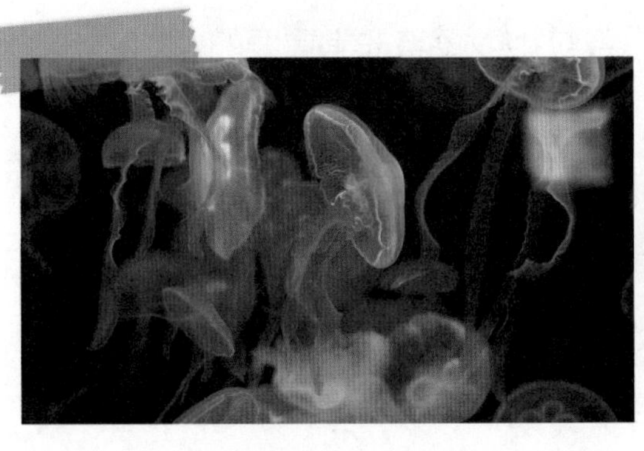

腔肠动物——水母

节肢动物——鲎

鱼类，几乎栖居于地球上所有的水生环境，从湖泊、河流到海洋，都有它们的身影。鱼类属于脊椎动物，身体为流线型，用鳃呼吸，靠躯干和尾部的摆动以及鱼鳍的协调作用，在水中能够自由自在地游动。从外形上看，鱼类可分为软骨鱼和硬骨鱼。目前，人们知道的软骨鱼大都生活在海洋中，由各种鲨鱼、鳐鱼和银鲛组成，且多是肉食性鱼类。硬骨鱼种类繁多，约占鱼类总数的 90%，如大黄鱼、小黄鱼、带鱼、银鲳、石斑鱼等，目前世界渔业生产总量有 95% 来自硬骨鱼类。

海洋爬行动物中，具有代表性的动物有海龟、海蛇等。海龟是动物中的“老寿星”，寿命可长达数百年。海龟最独特的地方就是龟壳，壳的下方是盾片，它们连着脊椎骨和肋骨，形成一个完整而坚固的匣子，能保护海龟不受侵犯。与陆龟不同，海龟的头部和四肢不能缩回到壳里。海龟的前肢主要用来推动海龟向前，后肢则在游动时掌控方向，它的游泳速度不是很快，一般以游泳缓慢的小动物或海草为食。

鱼类——小黄鱼

爬行动物——海龟

哺乳动物是动物中最高等的类群，海洋中也不乏这类佼佼者。海洋哺乳动物包括各种鲸类、海豹、海象、海狮、儒艮等。其中，中华白海豚被誉为“海上大熊猫”，身体修长呈纺锤形，喙突出狭长，主要以鱼类为食。

儒艮是“美人鱼”的原版，一种食草性哺乳动物，主要栖息于海草床。儒艮虽然体型较大，但性情温和，外观与海牛类似，几乎没有脖子，但有一条类似鲸鱼的尾巴。由于工业污染、沿海开发、过度捕捞及气候变化等因素的影响，儒艮赖以生存的海草栖息地正在迅速退化。1988 年，儒艮被我国列为国家一级重点保护动物，我国近岸最后一次儒艮记录，出现在海南岛的文昌东郊椰林。我国唯一以儒艮命名的保护区就是广西合浦儒艮国家级自然保护区。其海域有大量的海草，近海比较浅，日照比较充足，海水比较干净，曾是儒艮在我国密集分布区和栖息地。

哺乳动物——白海豚

哺乳动物——儒艮幼崽

在深邃的海洋中，这些千姿百态的海洋生物都是宝贵的自然资源，也是维系人类生命活动的重要保障。守护海洋，不仅需要相关部门采取保护和管理措施，社会各界开展监测、救助等行动，更需要人们从身边力所能及的事情做起，共同为保护海洋尽一份绵薄之力。

探索与实践

调查身边的海洋生物

活动地点：海洋馆。

要求：对海洋生物的外部形态、习性、生活环境进行观察和记录，有条件的可以借助检索工具书对其进行分类。

海洋生物调查记录表

调查地点：______ 调查日期：______ 调查人：______

序号	名称	数量	形态特征	习性	生境	类别

第四节　全球气候海洋牵

海洋深刻影响着全球气候，是全球气候的“驱动机”和“调节器”。海洋对大气运动和气候变化起着十分重要的作用。洋流以及海陆之间的热力差，塑造了地球上风格迥异的自然景观和复杂多样的气候。但在目前全球气候变暖的背景下，海—气相互作用也可造成极端现象，如厄尔尼诺现象、拉尼娜现象等，从而引发全球或部分区域气候异常和气象灾害。

气候冷热扰动海洋

从地球发展历史看，气候总是在不断变化。太阳辐射的变化、火山活动、大气与海洋环流的变化等都会造成全球气候变化。但在一定时期内，自然因素对气候变化的影响有限，气候具有一定的稳定性。

然而，人类活动却深深地影响了气候。工业革命极大地提高了人类的生产力，带来了大规模的能源需求，大量的煤炭、石油等化石燃料被开采使用，释放出了大量的二氧化碳和其他温室气体，人类活动强度对气候变化的影响越来越突出。最新研究显示，陆地气温升高以及北半球热带海洋变暖始于 180 年前，全球气候变暖早在工业革命初期就开始了，这表明工业革命后的人类活动，尤其大规模的化石能源使用是影响气候变化的重要因素。在此背景下，科学界越来越多的人士认为过量温室气体排放是引起极端天气和气候变化的重要原因。

2022 年世界气象组织发布的《2021 年全球气候状况报告》指出，2021 年温室气体浓度、海平面上升、海洋热量和海洋酸化这四项气候变化关键指标都创下新纪录，显示人类活动正在造成全球范围内陆地、海洋和大气变化，对可持续发展和生态系统形成持久、有害的影响。

·信息卡·

温室效应是“大气保温效应”的俗称。大气具有允许太阳短波辐射透入大气底层，并阻止地面和低层大气长波辐射逸出大气层的作用。因可使地面附近大气温度保持较高的水平，故名。

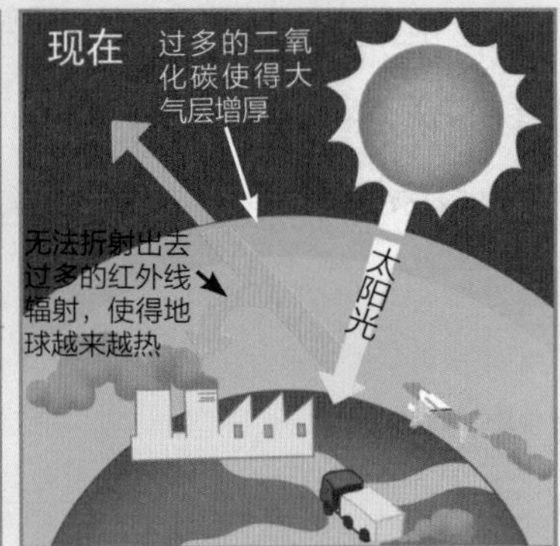

温室效应产生示意图

如果大气中的二氧化碳浓度持续增加，全球温度将继续升高。而冰川融化、海平面上升、极端天气现象增加等造成的严重后果是难以预料的，不仅人们熟悉的北极熊、企鹅等极地生物没有了栖息地，更可怕的是随着海平面上升，太平洋岛国如基里巴斯、图瓦卢等低海拔地区都将被海水淹没。

海水蒸发影响气候

尽管气候变化会影响海平面的高低升降，然而海洋也会反作用于气候。这主要是因为地球表面面积最大的是海洋，到达地球表面的太阳辐射有70% 被海洋吸收，海水吸收太阳辐射而增温，通过蒸发而降温，并向大气提供水汽。海洋与大气之间进行水分交换的同时，也实现了热量的交换。如正常情况下，赤道附近太平洋东岸和西岸海水温度存在差异，从而在上空形成大气热力环流。然而，水温一旦异常，就会带来巨大的灾难。

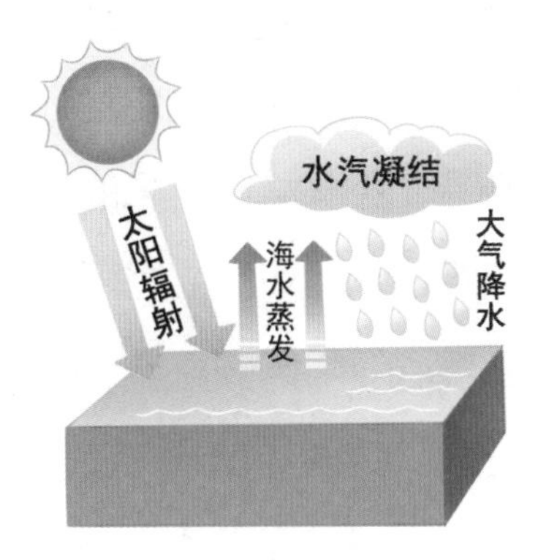

海洋与大气相互作用示意图

·信息卡·

太阳以电磁波的形式放射出的能量称为太阳辐射。地球所接收的太阳辐射能量仅为太阳向宇宙空间放射的总辐射量的二十亿分之一，却是地球能量的主要来源。

由于地面冷热不均而形成的空气环流，称为热力环流。它是大气运动的一种简单的形式。

海—气异常带来灾害

海洋与大气相互作用，相互影响，如果表层海水温度发生异常，大气环流也会异常，甚至出现极端的天气事件。常见的极端天气事件包括前文提到的厄尔尼诺现象和拉尼娜现象。

正常年份，赤道附近太平洋中东部的表层海水温度较低，大气稳定，气流下沉；西部海水温度较高，气流上升。有些年份，赤道附近太平洋中东部表层海水温度异常升高，这种现象被称为厄尔尼诺现象。与厄尔尼诺现象相反，拉尼娜现象是指赤道附近中东太平洋海面温度异常降低的现象。

厄尔尼诺是一种自然发生的气候现象，与拉尼娜一起构成转换循环，一般周期为 2~7 年，平均周期为 4 年。厄尔尼诺通常持续 9 至 12 个月。一般来说，厄尔尼诺会导致南美洲南部、美国南部、非洲之角和中亚部分地区的降雨量增加，也会在澳大利亚、印度尼西亚和南亚部分地区形成相反效应，造成严重干旱。在北半球夏季期间，厄尔尼诺带来的暖水会加剧太平洋中东部飓风的形成，同时阻碍大西洋盆地飓风的形成。

拉尼娜现象与厄尔尼诺现象相反。拉尼娜现象出现时，印度尼西亚、澳大利亚东部、巴西东北部等地降雨偏多；非洲赤道地区、美国东南部等地易出现干旱。而在这种情况下，我国易出现“冷冬热夏”，且登陆我国的台风个数比常年多，出现“南旱北涝”等现象。

自 20 世纪以来的 120 多年间，全球共出现 29 次厄尔尼诺现象和 29 次拉尼娜现象。厄尔尼诺与拉尼娜在年际时间尺度上的循环，已成为全球海—气相互作用最强的自然气候信号。

第五章 海纳百川聚宝盆

海洋无边无际，深不可测，却极为富饶，是个巨大的资源宝库。海洋中几乎拥有陆地上所有种类的资源，而且还有许多陆地上没有的资源。中国拥有广阔的海洋国土和绵长的海岸线，不仅海洋生物资源丰富，更蕴藏着巨大的海洋矿产资源与能源资源，它们都是大海带给人类的宝藏。

第一节　琳琅满目海资源

海洋，不仅是海洋生物赖以生存的家园，还是人类所需原料和产品的重要来源地。当陆地资源日益匮乏之时，海洋成为人类重要的后备自然资源基地。海洋就像一个蓝色的聚宝盆，慷慨地展现在人类的面前。

海洋生物食用资源库

“以海为生”是人类开发海洋的最重要目的之一，海洋生物在人类的食物供应中扮演着重要的角色，从各地挖掘出的海洋文化遗址，到“鱼盐之利，舟楫之便”的文献记载，无不印证了我国利用海洋生物的悠久历史。海洋生物作为食物是基于自身的营养价值，它们是人体所需蛋白质的重要来源。我国的海洋生物获取是通过捕捞和养殖两种途径，捕捞和养殖的数量都十分庞大，是当前世界上最大的渔业生产国。我国渔业产量不仅在世界中占

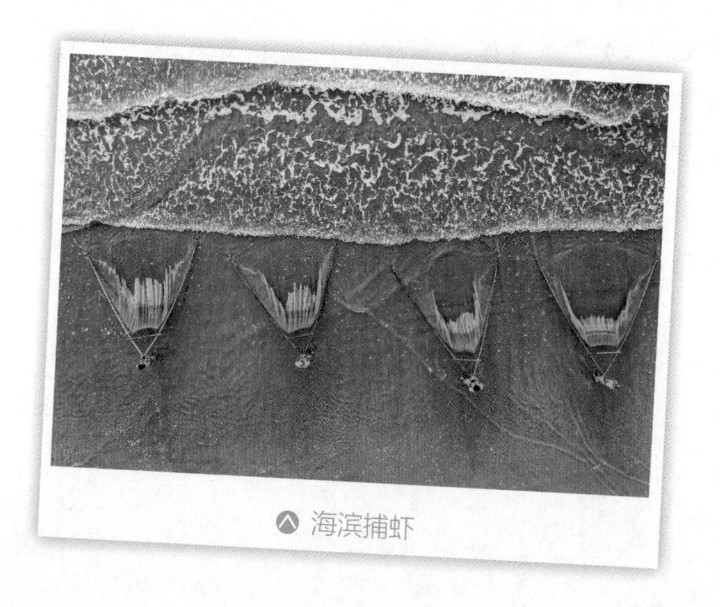

海滨捕虾

有较大份额，而且近些年呈现不断增长的态势。可见，海洋渔业已成为人类重要食品资源库。

医药化工资源库

海洋不仅为人类提供可直接食用的动物蛋白质，还为人类带来了丰富的医药、化工原材料。目前已经证明，许多海洋生物都具有药用价值，而“向海洋要药”已成为我国海洋研究的热门。适合作为药物的海洋生物众多，绿藻类可用于治疗喉痛、中暑、水肿等，如石莼、孔石莼；褐藻类可用于治疗甲状腺肿大、慢性支气管炎等，如海带、羊栖菜；红藻类可用于治疗高血压等，如条斑紫菜、坛紫菜。

海洋动物的药用类型更是繁多。腔肠动物中的水母类有防治心血管和抗癌的药用物质，珊瑚类的药用石灰质骨骼有止呕、止咳等诸效；软体动物中的腹足类可治眼急性发炎、胃溃疡等；棘皮动物中的海参类具有益气补阴等功效……

海参

据悉，医学家从 20 万种海洋生物中筛选出具有药理活性的海洋生物已达 1000 种以上，同时还从海洋矿产和黑泥中发现和提炼出多种药物。此外，海洋生物除具有药用价值外，还有广泛的用途。以植物类中褐藻为例，从褐藻提取的褐藻胶，在农业上，可以做杀虫剂、促生长剂、保水剂等；在橡胶工业上，可以做橡胶浓缩剂、耐油剂等；在日用化工上，可以做美容美发剂、洗涤剂等。

数量可观的化学资源

海洋不仅给人们带来了丰沛的水资源、湿润的空气、奇妙的生物和迷人的风景，还给人们提供了丰富的化学资源。海水中含有众多的化学元素，它们以离子、分子和化合物的形式溶解在海水中。海水中的氯、钠、镁、钾、硫、钙、溴等元素储量丰富，被称为海水中的常量元素（每升海水中含量为 100 毫克以上的元素）。其他的多为微量元素，有碳、锶、硼、铁、铅、锌等。

人们对海洋化学资源的利用已有悠久的历史，其中利用最早、数量最大的就是海水制盐。海盐是一种重要且常见的海洋资源。在平坦的沿海地段，只需把海水引入盐池，经过风吹日晒，水分蒸发，即可得到白色的盐粒。

航拍天津滨海新区汉沽长芦盐场晒盐基地

我国北方沿海滩涂，受季风气候的影响，高温、少雨、强日照、多风期集中在 4—5 月，成为我国盐田的集中分布区和海盐生产基地，形成了辽东湾盐区（辽宁）、长芦盐区（天津）、莱州湾盐区（山东）和淮盐产区（江苏）四大盐区。渤海湾、莱州湾沿岸的平原还分布着大量高浓度的地下卤水资源，这些卤水资源储藏浅、易开采，是制盐和盐化工的理想原料。多年来，我国海盐产量一直居世界第一位。2022 年，我国原盐产量达 8390 万吨。

除此之外，海水中的溴在工农业、国防和医学等方面有广泛应用，在工业上可制造燃料抗爆剂，在农业上是杀虫剂的重要原料；海水中的镁是机械制造工业的重要金属材料，飞机、船舶、汽车、武器的制造都离不开镁；海水中的锂，在冶金工业中可用作脱氧剂和脱气剂，也是轻质合金的重要成分，还是有机合成中的重要试剂；海水中的铀是高能燃料，军事上可制造原子弹，还是核潜艇、核动力航空母舰的燃料……

·信息卡·　**海水提镁**

除氢和氧外，海水中镁的浓度仅次于氯和钠。海水中镁的总蕴藏量约 2000 万亿吨，海水提镁是工业生产镁的主要途径。人们将海水净化浓缩，加入石灰乳使其中的镁离子转化成氢氧化镁，然后经过酸溶、结晶、熔融、电解来冶炼镁。

在某些场合，海水也可以被直接利用，如在工业上，用海水做工业冷却水；在生活中，海水可用于冲洗厕所等。

总之，海洋中资源丰富多样，海洋不仅为人们的生存提供了基本食物、药物，还支持着我国持续健康地发展。海洋已成为与人们生活紧密相连的一部分，在国民经济建设中起着越来越重要的作用。

第二节　物华天宝海矿藏

人们已经知道，海洋深处并不像《西游记》中东海龙王的海底水晶宫那样，五光十色，美轮美奂。实际上，海洋深处是没有光亮的，到处一片漆黑。然而就是在这漆黑一片的海洋中和深深的海底之间，蕴含着大量矿产资源。

丰富且有价值的滨海砂矿

砂矿主要来源于陆上的岩矿碎屑，经河流、海水、冰川和风的搬运与分选，最后在海滨或陆架区的最宜地段沉积富集而成。滨海砂矿的用途很广，如锆石具有耐高温、耐腐蚀等特点，在铸造工业方面用途很广；从金红石和钛铁矿中提取的钛，具有比重小、强度大、耐腐蚀、抗高温等特点，在导弹、火箭和航空工业中被广泛应用；独居石中所含的稀有元素，像铌可用于制造耐高温的合金钢、高温金属陶瓷及电子管等，钽可用于制造化工器材及真空管、超短波发射器等电工器材，也可用作牙科和外科材料。据统计，世界上96%的锆石、90%的金刚石和金红石、80%的独居石和30%的钛铁矿都来自滨海砂矿，

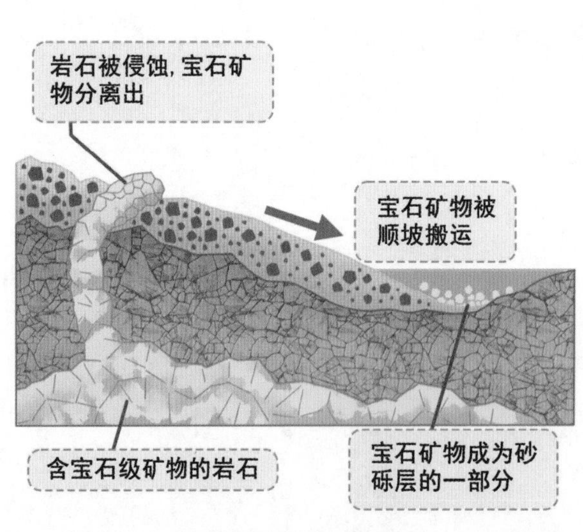

滨海砂矿成因示意图

故而许多国家都十分重视滨海砂矿的开发。

我国海岸线绵长，拥有广阔的浅海，因此滨海砂矿储量丰富。目前，我国已探明的滨海砂矿的矿种达 65 种，其中具有工业开采价值的有钛铁矿、锆石、金红石、独居石、磷钇矿、磁铁矿和砂锡等 13 种。滨海砂矿主要可分为 8 个成矿带，即海南岛东部海滨带、粤西南海滨带、雷州半岛东部海滨带、粤闽海滨带、山东半岛海滨带、辽东半岛海滨带、广西海滨带、台湾北部及西部海滨带等。特别是广东滨海砂矿资源非常丰富，其储量在全国居首位。

砂矿中的金刚石也很诱人，它是一种最坚硬的天然物质，素有“硬度

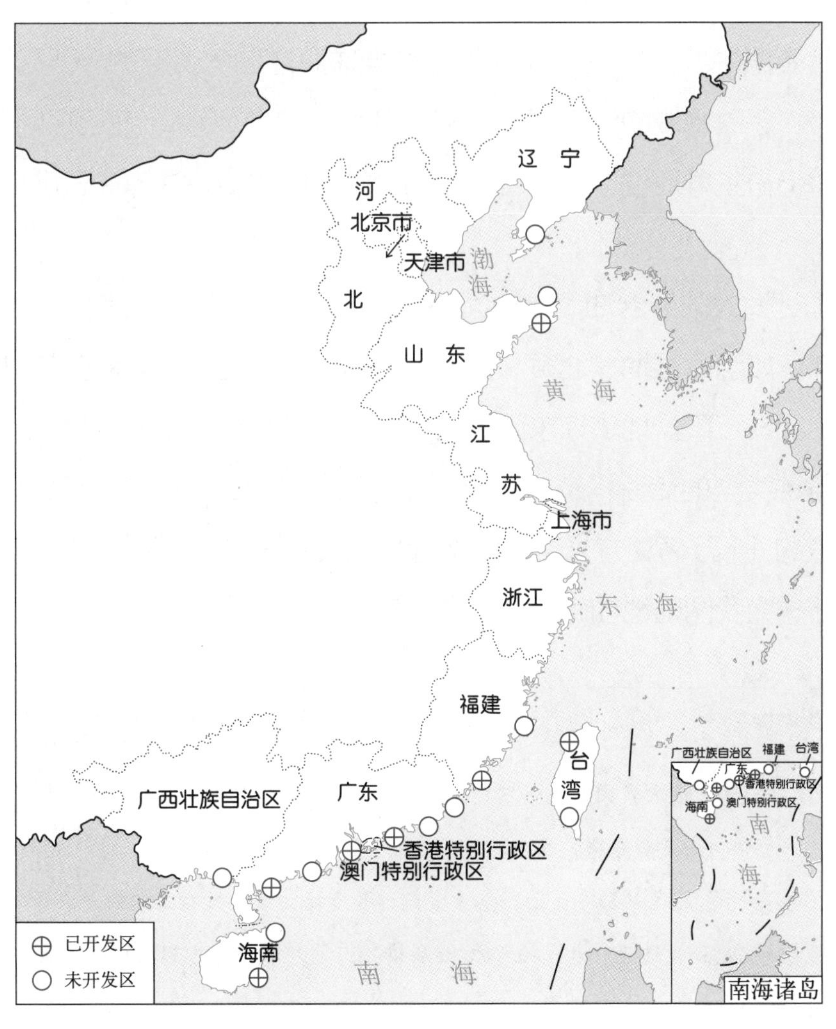

中国滨海砂矿资源分布示意图

之王”的称号。金刚石是一种由碳元素组成的矿物，无色透明或带有黄、蓝、黑、褐等色调，分宝石金刚石和工业金刚石。其中，工业金刚石最大的用途，是用于制造勘探和开采地下资源的钻头。

至关重要的油气资源

油气资源是世界各国经济发展中的重要资源之一，为人类的生活提供了重要的能源。但是，世界油气资源分布并不均衡，为了解决油气资源短缺的问题，众多国家纷纷涌向海洋，寻找开发海洋油气资源的途径。已探明的海底油气资源主要分布在大陆架，约占全球海洋油气资源的 60%，而大陆坡的深水、超深水域的油气资源也相当可观，约占 30%。在已探明储量中，目前浅海仍占主导地位，但随着石油勘探技术的进步，海洋油气勘探逐渐转向深海。

我国近海大陆架含油气盆地面积约 70 万平方千米，共有大中型沉积盆地十几个，如渤海盆地、北黄海盆地、南黄海北部盆地、东海陆架盆地、台西南盆地、珠江口盆地、琼东南盆地、莺歌海盆地和北部湾盆地等。我国已探明的各种类型的储油构造 400 多个，初步探明石油储量约 400 亿吨，天然气储量约 14 万亿立方米，大陆架远景石油储量达 2700 亿吨，近海大陆架正逐渐成为我国陆地油气田的战略接替区。

·信息卡·

“深海一号”是由我国自主研发建造的、全球首座 10 万吨级深水半潜式生产储油平台，位于海南岛东南海域。

“深海一号”能源站尺寸巨大，总重量超过 5 万吨，最大投影面积相当于两个标准足球场大小，总高度达 120 米，相当于 40 层楼高，最大排水量达 11 万吨。其船体工程焊缝总长度达60万米，可以环绕北京六环3圈。

自2021年6月25日“深海一号”正式投产以来，每天将1000万立方米天然气从1500米深的海底源源不断地开采出来，送抵千家万户。“深海一号”的投入使用，标志着我国在海洋油气领域实现重大跨越，进入世界先进行列。

“深海一号”半潜式生产储油平台

多金属结核

1873年，英国海洋学家在北大西洋采集洋底沉积物时，发现一种像“鹅卵石”的团块。经检测，这种“团块”是由包围核心的铁、锰氢氧化物壳层组成的核形石。此后，他们又相继在太平洋、印度洋中获取了这种物质，人们称它为“锰结核”。后来，科学家研究发现，除铁、锰之外，它还含有铜、镍、钴、铀等几十种元素，因此，人们又把它称为“多金属结核”。

多金属结核

多金属结核主要分布于水深4000~6000米的平坦海底，个体直径大小不等，一般为3~6厘米。在我国，多金属结核主要分布在南海的深海区。

多金属结核所富含的金属，被广泛地应用于现代社会的各个方面，如锰可用于制造锰钢，这种材料极为坚硬，抗冲击、耐磨损，被大量用于制造坦克、钢轨、粉碎机等；铁是炼钢的主要原料；镍可用于制造不锈钢；钴可用来制造特种钢；钛被广泛应用于航空、航天业，有“空间金属”的美称……

更为惊奇的是，多金属结核不仅储量大，而且还会不断地生长，据推算，全球多金属结核每年可增长约1000万吨。

未来可期的天然气水合物

在深深的海底，蕴藏着一种神奇的可燃烧的“冰”。冰怎么能燃烧呢？其实，这种可以燃烧的“冰”是在一定的温度和压力条件下，由天然气与水分子结合形成的外观似冰的白色或浅灰色固态结晶物质，由于外观看起来像冰，且遇火即可燃烧，因此叫“可燃冰”，其学名叫“天然气水合物”。

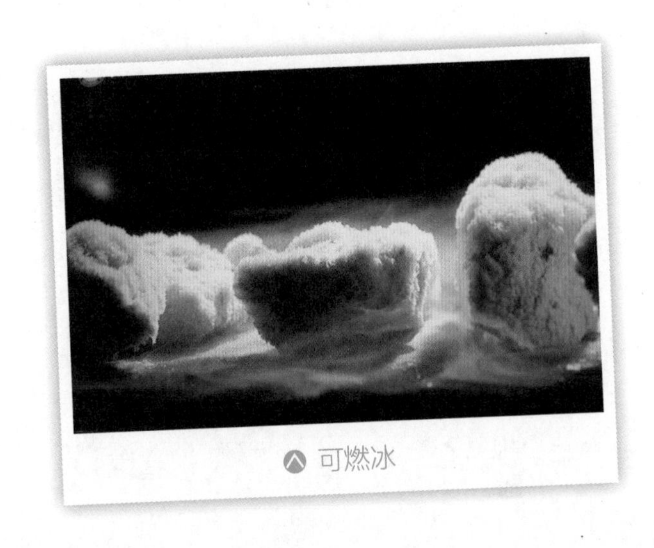

可燃冰

作为一种新型的烃类资源，可燃冰具有能量密度高、分布广、规模大、埋藏浅、成矿物化条件好、清洁环保等特点，被视为未来石油的替代资源。我国可燃冰资源储量相当于 1000 亿吨石油当量，其中有近 800 亿吨石油当量的可燃冰资源分布在南海。2017 年 5 月，我国已在南海神狐海域成功试采可燃冰。

宽阔的海滨、浩瀚的海洋、深邃的海底，还蕴藏着许多其他矿产资源，有待人们研究、勘探和开发。在陆地矿产资源日渐枯竭的当下，加速海洋矿产资源的研究和认知，推进海洋资源的勘探和开发，已经成为科学界、技术界和工业界的共识。

第三节　林林总总海之能

海洋本身就是一个巨大的能源宝库。海洋中波涛汹涌、海流循环不断、潮汐涨落不息等现象中蕴藏着极其巨大的能量，因此海洋被誉为“能量之海”。中国海岸线绵长，海洋资源丰富，在碧波万顷之中，蕴藏着的大量海洋动力能源，等待着人们去开发利用。

潮来潮往潮汐能

汹涌澎湃的大海，在太阳和月亮的引潮力作用下，时而潮高百丈，时而悄然退去。涨潮时，海水高起，海面被抬高；退潮时，海水退去，海面回落。海水涨潮和落潮过程中产生的势能就是潮汐能。

潮汐能是人类认识和利用最早的一种海洋能源。它主要分布在一些浅窄的海峡、海湾和河口区域。我国海岸线漫长而曲折，蕴藏着十分丰富的潮汐能。据调查和测算，我国潮汐能蕴藏量达 1.9 亿千瓦，其中可供开发的约 3850 万千瓦。

潮汐能发电需要具备一定的条件：一是潮差足够大；二是海岸能够储蓄大量的海水，并可以进行土建施工。我国沿海有许多地方可以建潮汐能发

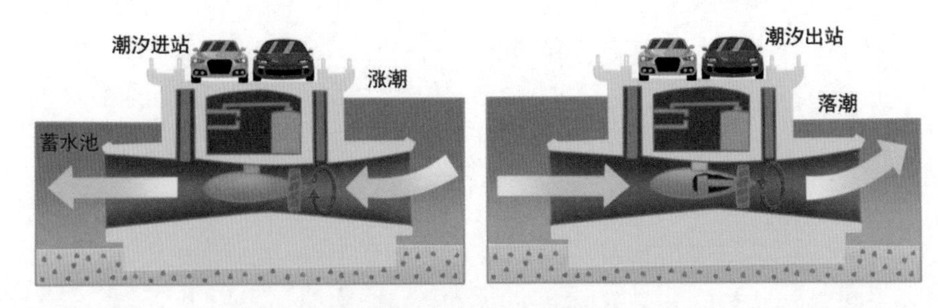

潮汐发电原理示意图

电站，如我国陆续在广东的顺德和东湾、山东的乳山、上海的崇明等地，建设了潮汐能发电站。

·信息卡·

位于浙江温岭的江厦潮汐试验电站是中国第一座双向潮汐发电站，当海水从海洋流向水库时进行反向发电，从水库流向海洋时进行正向发电。江厦潮汐试验电站是中国海洋能开发利用的先驱者，自1985年底竣工以来，该电站历经多年大风大浪的考验，依旧运转正常，年平均发电量为720万千瓦·时，已累计完成发电量2亿多千瓦·时。除去发电，江厦潮汐试验电站还兼有水产养殖和海洋化工、交通旅游等巨大的综合利用效益。

奔腾不息海流能

在一些世界海洋地图中，你可以看到很多循环运行的箭头，这些箭头代表的是在海洋中奔腾不息的海流。海流，也称洋流，是海洋中沿一定路径进行的大规模水流，具有流向固定、流速稳定的特点。海水流动会产生巨大能量，被称为“海流能”，全世界可开发利用的海流能约为0.5亿千瓦。

海流发电原理与风力发电相像，在水流作用下海流能机组叶片旋转发电。我国东部沿海是世界上海流能功率密度最大的地区之一，其中以浙江沿岸最多，有37个水道，资源丰富，占全国总量的一半以上，特别是舟山群岛的金塘、龟山和西堠门水道，开发环境和条件很好，其次是台湾、福建、辽宁等省份的沿岸，约占全国总量的42%。

轻轻波浪蕴巨能

波浪能也是海洋能源的一种。波浪能是海洋中由风、海面气压变化产生的海浪中蕴藏的能量，主要用于发电，也可用于抽运水、海水脱盐和制造氢气。波浪能是海洋能源中能量最不稳定的一种能源。

我国近海海域波浪能主要分布在广东、福建、浙江、山东、海南和台湾等地的附近海域。虽然我国波浪发电起步较晚，但发展很快，小型岸式波浪发电技术已进入世界先进行列，用于航标灯的波浪发电装置已经投产，面向海岛提供电力的波浪电站也在实验之中。波浪能作为一种蕴含在海洋中的可再生能源，还可以支撑海洋观测、海水淡化和水处理、海上制氢、深海养殖等行业的发展。

·信息卡· 波浪能发电

波浪能量巨大，但开发利用难度很大。波浪能利用的关键是波浪能转换装置。通常，波浪能发电要经过三级转换：第一级为波浪能的收集，由转换装置受波体将大海波浪能吸收并聚集起来；第二级为中间转换，由中间转换装置将波浪能转换成有用的机械能，实现能量的传递；第三级转换又称最终转换，由发电装置将中间转换装置传递来的能量转化为电能。目前，波浪能发电的困难主要是造价贵、发电成本高。

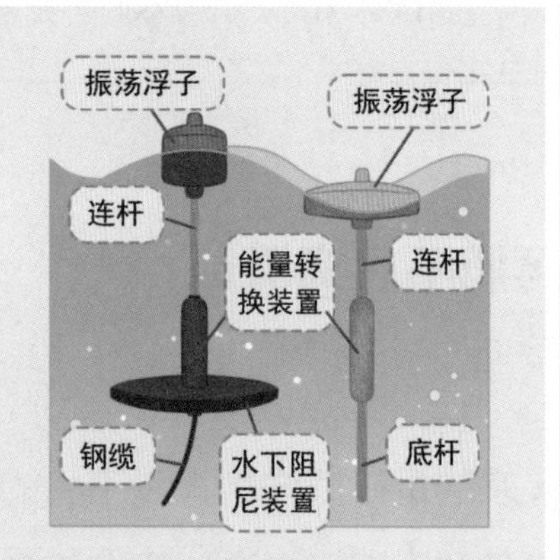

两种振荡浮子式波浪能发电装置示意图

源源不断的海洋风能

近海风能是海面上空气流动所产生的动能，其发电原理和陆地风力发电相似。海洋风力比陆上风力更加强劲，方向也更加单一，发电效率更高，有极大的开发和利用价值。据专家估算，相同规格的海洋风力发电机在一年内的发电

·信息卡·

风能发电的原理：风力作用在叶轮上，将动能转换成机械能，从而推动叶轮旋转，再通过增速机将旋转的速度提升，来促使发电机发电。

量，能比陆地风力发电机高出 70%。

中国近海风能资源是陆上风能资源的 3 倍，可开发和利用的风能储量巨大，东南沿海及岛屿是我国风能资源集中区。另外，风能资源丰富区还有黄海之滨、海南岛和南海诸岛等。近海风能发电为沿海城市的生产、生活提供了重要的能源供给。

海滨的风力发电机群

在风起云涌的海面之上，在轻轻起伏的波浪之中，在黑暗幽深的深海之下，原来有这么多种不同的海洋动力能源。除上述海洋动力能源之外，在河流入海口处，江河水和海水之间还存在着“盐差能”；在表层温海水和深层冷海水之间还存在着“温差能”……与传统的火电、水电一样，这些能源都可以为人们日常生产、生活服务。

第四节 物尽其用海宝库

人类对海洋的探索和研究、开发和利用一直没有停步。随着世界人口不断增加，工农业的发展，生产、生活、交通设施用地越来越多，耕地越来越少，人们的活动空间变小，资源越来越短缺。为此，人们设想了多种延伸活动空间和利用海洋的方案，而海洋也为人类的生存提供了广阔的空间和通道。

牧洋耕海富粮仓

海水养殖是直接利用海洋空间资源进行饲养和繁殖海产经济动植物的生产方式，是人类利用海洋生物资源、发展海洋水产业的重要途径之一。在山东省烟台市渔人码头以东的海域，一座现代化的海洋牧场平台矗立于此——这就是“耕海 1 号”。

为什么叫海洋牧场呢？一般提到牧场，人们会想到大草原和成群的牛羊，而现在所说的海洋牧场不是在陆地上，而是在海里。它是指在一定海域内，采用规模化渔业设施和系统化管理体制，利用自然的海洋生态环境，将人工放流的经济海洋生物聚集起来，像在陆地放养牛羊一样，对鱼、虾、贝、藻等海洋资源进行有计划和有目的的海上放养。简单来说，海洋牧场就是一个小型的人工渔场，是保护和增殖渔业资源、修复水域生态环境的重要手段。

海洋牧场一般建在水质清澈、水流平缓、海底坚硬平坦的海域。目前，我国海洋牧场建设已形成一定规模，主要分布在山东、辽宁、广东、广西、浙江、河北等地。“耕海 1 号”就是一个大型的智能生态海洋牧场综合体平台，它配备了自动投饵、环境监测、大数据分析、5G 通信、安全管理等系统，通过科技创新提升海洋渔业精细化管理水平。

“耕海 1 号”海洋牧场综合体平台

与传统的海水养殖相比，海洋牧场更重视环境与海产品的品质，不仅可以减少环境污染，还保证了养殖产品的品质，提高了生产效率。这种养殖模式对海洋生态系统破坏较小，适宜发展可持续性的生态渔业，促进海洋生态文明建设。

脱盐除矿饮淡水

海水约占地球水资源总量的 96.5%，但由于海水含有的矿物质浓度过高，无法直接饮用。随着人口增长、环境污染、资源浪费等问题的出现，地球上可利用的淡水资源逐渐匮乏。若能将海水中多余的矿物质去除，转变成可饮用的淡水，将有效解决水资源短缺的问题。

海水淡化的方法有很多种，常见的有蒸馏法、反渗透法等。蒸馏法是最早出现的海水淡化法，其原理是通过加热使水沸腾蒸发变为水蒸气，再将水蒸气冷凝就可得到淡水。反渗透法则是利用一层渗透膜，在一端施压让水透过渗透膜，其他物质被渗透膜阻挡，从而将水分离出来形成淡水。

·信息卡·　误饮海水怎么办？

如果人们饮用较多海水，会导致某些元素过量进入体内而影响身体健康，重者甚至会中毒。过量饮用海水的人，可通过大量补充淡水来避免脱水现象的发生。

我国海水淡化技术的应用相对较迟，目前我国的海水淡化技术已基本成熟，相关产业取得了长足发展，淡化规模不断扩大。我国海水淡化工程主要分布在水资源严重短缺的沿海城市和海岛。北方以大规模的工业用海水淡化工程为主，主要集中在天津、河北、山东等地；南方以民用海岛海水淡化工程居多，主要分布在浙江、福建、海南等地。自然资源部发布的《2021年全国海水利用报告》显示，截至2021年底，全国共有海水淡化工程144个，每天可淡化约185.6万吨海水，为工业生产、生活饮用提供了有力的保障。

海水淡化设备

上桥跨海走四方

在古代，被海洋分隔的两座城市相互往来只能乘船。而今，一座座跨海大桥拔地而起，驱车过海不再是梦。2018年，连接珠海、香港、澳门三地的港珠澳大桥正式开通。港珠澳大桥通车后，大大缩短了香港、珠海、澳门三地的时空距离。港珠澳大桥建设过程中，共创造了400余项新技术专利，彰显了中国造桥工程技术处于世界领先地位，被誉为“新世界七大奇迹”之一。

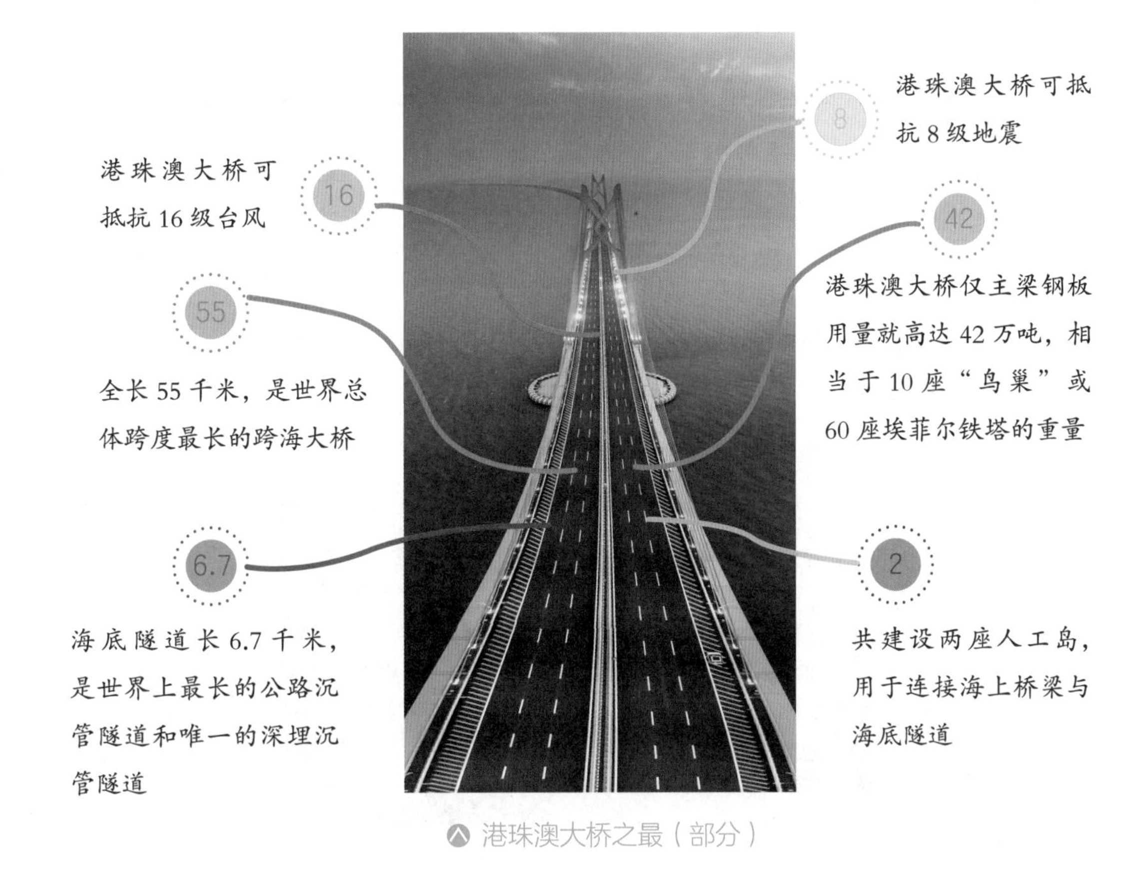

港珠澳大桥之最（部分）

珠江口水域中生活着素有“水上大熊猫”之称的中华白海豚，为了保护中华白海豚的家园，港珠澳大桥的工程人员经过多次研究，通过缩短施工工期、减少桥墩数量等措施，最大化地降低了该工程对海洋水文动力和生物资源的不利影响，实现了中华白海豚“零死亡、不搬家”的目标。

海洋运输空间资源库

海上航道，是为组织水上运输而规定或设置（包括建设）的船舶航行通道，包括海上航线和为海上运输服务的港口、水工建筑物及各种航行保障设施等。海上航道是濒海国家海上交通运输的命脉，对海上作战和经济发展具有重要意义。随着我国经济的快速发展，我国已成为世界上重要的海运大国之一。

我国的海运航线有港澳线、新马线、印度尼西亚线、韩国线等。而我国的海运中心主要分布在上海、广州、青岛、大连、天津、厦门、宁波等沿海城市。

此外，我国的海洋运输还从海面向海底拓展，建造和铺设了众多跨海大桥、海底隧道和海底管道等，为我国的海洋开发提供了坚实的基础。

在海上航行的集装箱货船

海洋不仅影响着人们的衣食住行，而且对国家安全、经济发展、资源保护与开发等都具有重要的价值与意义。我国的海洋事业发展已取得历史性的成就，海洋综合实力跃上新台阶，我国正加快由海洋大国向海洋强国转变。

第六章 抗灾减污护海洋

海洋在给人类带来好处的同时，一些海洋灾害也给人类造成了巨大的损失。同时，人类在开发和利用海洋的过程中也给海洋带来了环境问题。为了海洋的可持续发展和人类社会的可持续发展，人类必须加强海洋环境保护，给子孙后代留下碧水蓝天。

第一节　不寒而栗海灾害

在很多人眼中，一望无际的大海、腾空溅起的白色浪花，是那么美好，充满了诗情画意。然而，大海的汹涌澎湃，又时常引发灾害。海洋灾害主要包括风暴潮、海啸、赤潮、绿潮、海岸侵蚀等，人们要科学防控、毫不松懈，将海洋灾害的影响降到最低。

海洋灾害之首——风暴潮

风暴潮是指由强烈的大气扰动，如热带气旋、温带气旋等引起的海面异常升高的现象，亦称“风暴海啸”“气象海啸”。风暴潮灾害是中国最主要的海洋动力灾害之一。

风暴潮对海面和沿岸陆地破坏力极大。风暴潮发生时，会挟带狂风巨浪，可引起水位暴涨、堤岸决口、船舶倾覆、农田受淹、房屋被毁等灾害。如果风暴与天文大潮同时发生，会使沿海地区的潮水暴涨，甚至冲毁或漫过海堤、江堤，吞噬城镇、村庄、码头、工厂，淹没耕地，造成严重的人员伤亡和财产损失。有时风暴潮还会引起山体崩塌、滑坡，进一步加剧灾害的破坏程度。

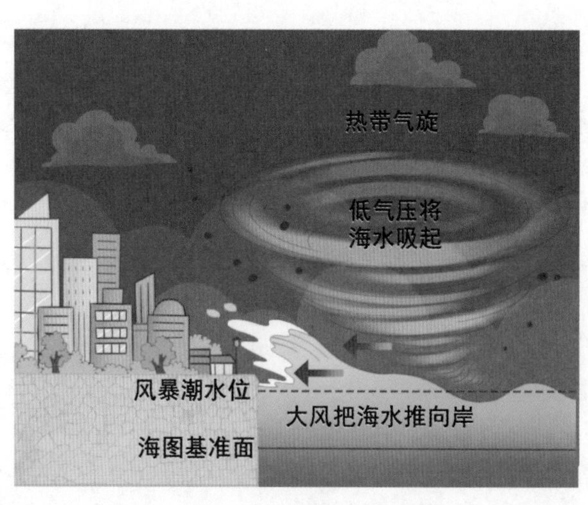

风暴潮成因示意图

如果遇到风暴潮，要如何自救呢？首先要留意相关部门发布的风暴潮警报，尽早做好准备；其次，不要在海边逗留，及时撤离到内陆地势较高的安全地带；再次，停止海边浴场、海钓等休闲娱乐活动，不到海边看潮；最后，船只要尽快返回港湾，停好拴牢，船员撤离到岸上……

对于到海边游玩的游客，由于对风暴潮了解不多，一定不能冒险到海边观浪，以免发生危险。

海洋的怒吼——海啸

如果你在岸边感觉到地面震动，如果你听到远方有轰隆隆的巨响，如果你看到海水里冒很多白色的泡泡，如果你看到远方海面上有一条明亮的白线在移动，那么，海啸很可能正向你袭来。

海啸，是由海底地震、火山爆发、海底滑坡等引发的破坏性海浪。海啸的波速高达每小时700～800千米，在几小时内就能横过大洋；波长可达数百千米，可以传播几千千米而能量损失很小；海啸在茫茫的大洋里波高不足一米，但当到达海岸浅水地带时，波长减短而波高急剧增高，可达数十米，形成含有巨大

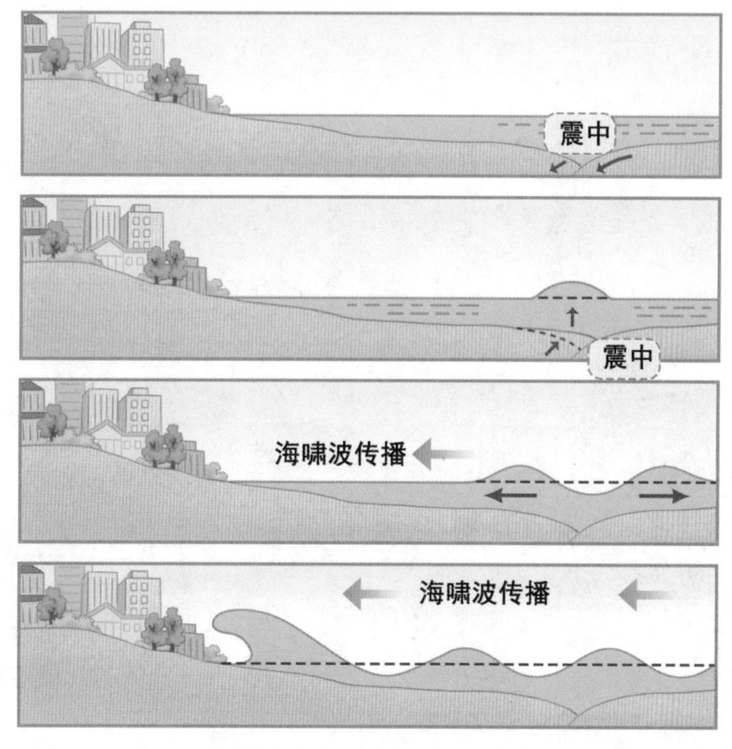

海啸发生及传播过程示意图

能量的“水墙”。据统计，72% 的海啸是由地震引起的，但很多地震都不会引起海啸，如果地震位于海洋附近或下方，海啸发生的可能性就会增加。

海啸可对沿海的生命和财产造成损害，它能在近岸造成潮位的迅速变化和产生异常强大的激流，迅速淹没土地，夺走生命，摧毁船只、车辆和建筑物，造成巨大的破坏。2011 年 3 月 11 日，日本太平洋沿岸发生 9.0 级地震，引发了海啸，波高达 37.9 米，并引发了历史上最严重的核灾难之一。

海啸发生频率虽然相对较小，但一旦发生就会引起毁灭性的灾害。面对海啸，人们要做的是：1. 停止水上活动，不要到岸边看海啸；2. 远离沙滩和海边低洼的地方，迅速跑到高地或稳固的建筑物高层；3. 海里的小船不要向岸边驾驶，水越浅的地方海啸越大；4. 遵从海啸避险的指示牌或是疏散人员的指令。

海啸产生的巨浪涌向城市示意图

“红色幽灵”——赤潮

赤潮，是某些微小浮游生物急剧繁殖和高度密集后出现的海水变色和水质恶化的现象，国际上也称其为“有害藻华”。赤潮主要分布在世界各大陆的近岸海域，一般发生赤潮的海水常带有黏性，并有腥臭味，给海洋渔业和旅游业等带来巨大损失。我国的赤潮灾害主要分布在渤海和黄海等海域的沿岸地区。

赤潮是如何发生的呢？近年来，城市生活污水和工业废水大量排放入海，造成沿岸海水富营养化，这是引起赤潮的重要原因。此外，阳光强烈、水温过高、风力较弱、海水交换受阻、潮流缓慢等，都易使赤潮生物高度集结；虾池换水时，含有过量饵料的污水排入海中，也可促使赤潮生物暴发性繁殖。

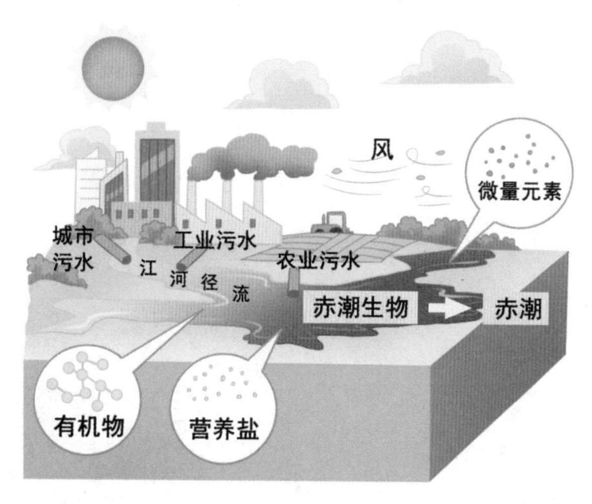

产生赤潮的主要环境条件示意图

赤潮会破坏海洋生态结构，威胁其他生物的生存。例如，浓密的赤潮生物遮蔽了阳光，抑制了下层生物的生长；某些赤潮生物的分泌物粘住鱼和贝类的鳃部，导致它们窒息死亡；赤潮生物所含的毒素，被其他海洋生物摄取后，人类食用这些海洋生物会引发健康问题；受赤潮影响死亡的生物，其

赤潮灾害

残体在分解的过程中又大量消耗海水中的溶解氧，造成水体缺氧，从而导致其他各类海洋生物大量死亡。

赤潮的肆虐让海洋疾病缠身，而赤潮的治理却很困难。因此，人们应该坚持“以防为主”的治理策略，通过赤潮预防技术将“红色幽灵”扼杀在摇篮里。例如，加强海洋生态保护，严格控制污染物入海量，采取总量控制和达标排放等措施，减轻海洋污染和富营养化。同时，加大对生态系统关键物种的保护，使生态系统的物质循环、能量流动处于良性状态。

·信息卡· **绿潮**

绿潮是在特定的环境条件下，海水中某些大型绿藻暴发性增殖或高度聚集而形成的一种有害生态现象。绿潮发生时，海水呈绿色，故名“绿潮”。浒苔就是引起绿潮的一种藻类植物，主要分布于辽宁、山东、江苏和福建等省的近海。浒苔虽然无毒，但浒苔大量繁殖也会遮蔽阳光，降低海水的溶氧量，影响海底藻类的生长，浒苔分泌的化学物质可能还会对其他海洋生物造成不利影响。

航拍青岛海边的浒苔

致命的扩张——海平面上升

海平面上升是由全球气候变暖、极地冰川融化、上层海水变热膨胀等原因引起的全球性海平面上升现象。科学家研究认为，工业革命以后大规模矿物燃料的使用产生了大量二氧化碳等能引起温室效应的气体，使大陆冰盖逐渐融化，致使海平面不断上升。

海平面上升对沿海地区的经济、自然环境等有着重大影响。首先，海平面的上升会淹没一些低洼的沿海地区，上升的海水不断向海滩推进，侵蚀海岸，从而变“桑田”为“沧海”；其次，海平面的上升会使风暴潮强度加剧、频次增多，不仅危及沿海地区人们的生命、财产安全，还会使土地盐碱化；最后，海平面上升，还会使海水内侵，造成农业减产，破坏生态环境。在中国，渤海湾地区、长江三角洲地区和珠江三角洲地区受海平面上升影响最为严重。

全球气候变暖导致冰川融化，海平面上升

除上述列出的海洋灾害之外，沿海地区过度开采地下水，使地下水位下降，海水入侵，造成大面积土地盐渍化；造成船只沉没、海上平台损坏、海堤损坏等灾害性影响的海浪也属于海洋灾害。海洋灾害不可避免，人们能做的就是“防”字当先、加强预警，建立科学、完备的防御体系，注意海洋灾害的宣传，提高防灾意识和自救能力。

第二节 触目惊心海污染

海洋是自然环境的有机组成。如今，海洋正在承受着巨大的危机——海洋污染。海洋污染主要有固体塑料制品垃圾污染、油污染、废水污染等。目前，海洋环境的恶化，已使人们认识到保护海洋生态环境的重要性。

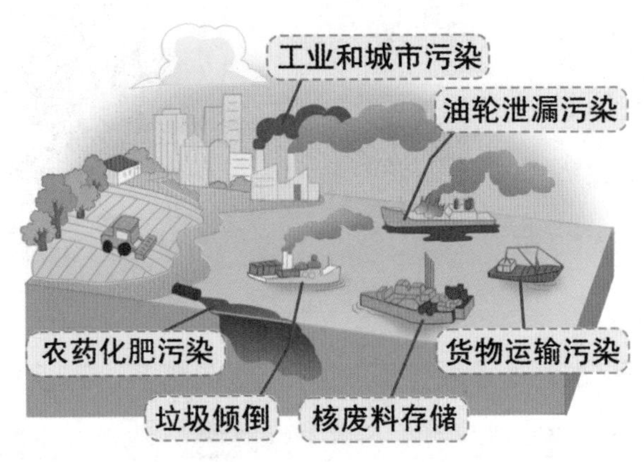

海洋污染物主要来源示意图

白色污染危害重

塑料制品因具有质轻、耐用、成本低等优点，被人们广泛使用。但是由于环境中能分解塑料制品的微生物数量很少，所以塑料制品不易被降解，由塑料制品引发的环境污染常被人们称为“白色污染”。一些塑料制品使用后被弃置，成为固体废物，它们中的一部分进入地下，污染了地下水。还有一部分塑料垃圾通过河流、大气等途径直接或间接进入海洋，这些难以降解的塑料垃圾，对海洋生态环境造成极大的破坏，成为海洋难以承受之痛。

统计数据显示，全球每年有 800 多万吨塑料垃圾进入海洋，预计到 2025 年，海洋中将会有 1.6 亿吨的垃圾。进入到海洋的塑料垃圾，会随着洋流，去往海洋的各个角落。近几年，科学家们通过深海探测技术，在太平洋最深的地方——马里亚纳海沟中发现了塑料垃圾的踪迹。可以这么说，人类无法到达的地方，塑料垃圾已经去过了。甚至在东太平洋的夏威夷群岛和美国西岸加利福尼亚州之间，出现了一个由漂浮塑料垃圾形成的太平洋垃圾带。通常，人们只注意到漂浮在海面上的塑料垃圾，但这只是冰山一角，更多的垃圾沉降到了海底。

漂浮在海洋中的塑料垃圾

海岸地带的大量塑料垃圾，给原本优美的海岸景色带来严重的视觉污染。同时，塑料垃圾漂浮在水面，对穿梭其中的海洋生物来说，危害尤为严重。海鸟和鲸类等海洋动物在捕食过程中，可能会误将这些塑料垃圾当成食物吞下，因无法消化和排泄导致死亡；海豹、海龟等动物，被废弃的绳状塑料制品缠住，无法挣脱……人们随手一扔的塑料垃圾，最终有可能给这些海洋生物带来灭顶之灾。

被塑料袋缠住的海龟

小海鸥在吃垃圾

更为严峻的是，海洋中的塑料垃圾经过侵蚀、风化后破碎成微塑料，这些微塑料通过食物链不断向上层传递，最终受害的依然是人类。如今，人们已经意识到白色污染的危害性，很多地方已在限制塑料制品的使用范围，并对废弃塑料制品进行回收再利用。此外，人们也采用可降解塑料技术，在塑料包装制品的生产过程中加入一定量的添加剂（如淀粉、改性淀粉或其他纤维素、光敏剂、生物降解剂等），降低塑料包装物的稳定性，使其较容易在自然环境中降解。

总之，塑料制品对大自然的影响是不可忽视的，而这种影响绝对不是短期的，这关系到人类今后长时期的生存。塑料制品的合理开发和利用，应当从长远角度和综合因素着手，人们应该制定塑料制品的实际应用标准。

石油污染海遭劫

石油污染也是海洋污染中常见的一种形式。目前，石油污染问题日益突出。石油污染区域主要集中在沿海水域和海上航道沿线。沿海石油工业、海上运输和海上采油是造成海洋石油污染的主要原因。

海上石油钻井平台

大型海上油轮

海洋石油污染危害渔业生产，破坏海滨娱乐场所，破坏海洋生态，使整个海岸环境退化。在石油运输过程中，由于油轮发生意外事故而造成的石油泄漏，污染迹象明显，污染物集中，对海洋的危害特别严重，因而备受人们关注。一旦石油发生泄漏进入海洋，将很快扩散形成大片油膜层覆盖在海面上。一方面，油膜会阻挡阳光进入海水中，影响海中浮游植物进行光合作用，进而导致以浮游植物为食的各类海洋生物大量死亡；另一方面，黏稠的油膜会使海水进入“缺氧”状态，致使大量的海洋生物因缺乏溶解氧窒息死亡。而栖息于海岛附近的海鸟，在捕食过程中，因羽毛沾染上油污后无法在海面上游动，更无法飞翔，只能在海滩和岩石上坐以待毙。

沾满了石油的海鸟

目前针对石油污染的解决方案有两种。一是从源头上避免或者减少石油的泄漏：通过铺设海底或陆上输油管道运输石油；改造油轮内部结构，以减少运输过程中的漏油事故。二是在发生石油泄露后要对油污进行有效的处理，主要处理方法有：用围栏圈住泄漏的石油，防止石油大规模扩散并回收利用；用麦秆、聚苯乙烯等吸收石油；通过喷洒化学消油剂，促进石油的分解或沉降……近年来，我国科学家在深海微生物中发现了一种能“吃”油污的“嗜油菌”，用它来清除海上溢油，不仅成本低，而且对环境更友好，除污更彻底，可谓一举两得。

废水排放海难承

人类生产、生活会排放大量生活污水、工业废水等，这些污水、废水有些是直接排入海洋的，有些是经过江河汇集流入海洋的。

污水、废水入海后会产生什么后果呢？生活污水中的氮、磷等有机物过量，排入海洋后，会导致水体富营养化，从而产生赤潮现象，使海洋环境受到严重破坏。工业生产过程中排出的一些有毒有害物质，不仅危害海洋生物，还能通过食物链的富集作用，损害人类健康。例如，二十世纪中期发生在日本九州岛水俣湾的汞污染事件，当地海中的鱼虾被污染，致使一些食用受污染鱼虾的人因汞中毒而患上“水俣病”，并导致上百人死亡，这是最早被发现的由于工业废水排放入海造成的公害病。

废水直接排入海洋

随着人类社会的不断发展，海洋环境污染等问题不断加剧，对海洋生态系统和人类社会的健康、发展造成了严重的威胁。为了保护海洋环境，每个人都应该从自身做起，节约能源、减少废弃物的排放，尽可能减少对海洋生态环境的破坏。同时，各地政府应当依法严格落实海洋环境保护制度，加强海洋环境的监测和管理；企业也需要采取行动，切实增加环境污染物处理的力度，共同保护好海洋环境，确保人类社会的可持续发展。

第三节　同心协力蓝碳行

人类的生产和生活使大气中的二氧化碳浓度不断增加，导致地球越来越热，极地冰川融化、海平面上升。面对越来越严峻的气候形势，各国都应该为减少大气中的二氧化碳含量而努力。我国是应对气候变化的重要贡献者和积极践行者，实现碳达峰、碳中和的气候治理目标已经被纳入生态文明建设整体布局，而海洋也正以它特有的方式助力人类实现这一伟大壮举。

·信息卡·　碳达峰和碳中和

碳达峰，是某个国家和地区或是某个行业年度二氧化碳排放量达到历史最高值，然后历经平台期进入持续下降的过程，是二氧化碳排放量由增转降的历史拐点，标志着碳排放与经济发展实现脱钩。

碳中和，是通过“抵消”或从大气中去除等量的碳，来平衡温室气体排放量，以达到净碳足迹为零的做法，即计量某个国家、某个地区，或者某个行业，甚至个人，在一定的时间内直接或者间接产生的二氧化碳或温室气体排放总量，以及这些温室气体能否被其他形式所抵消。

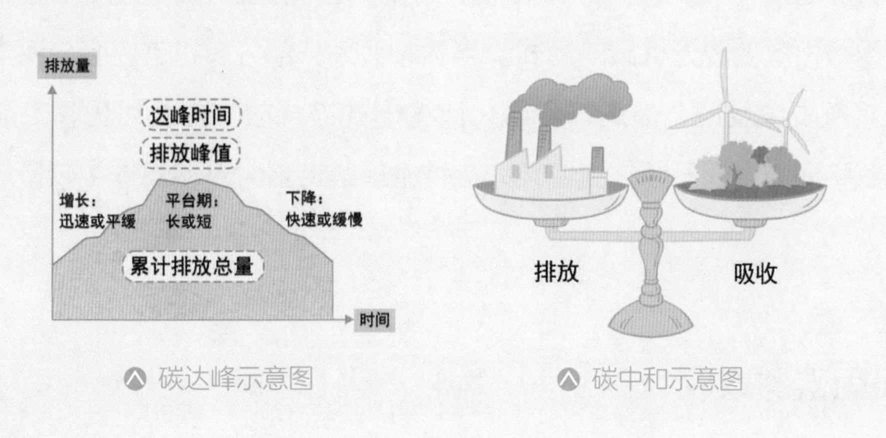

碳达峰示意图　　碳中和示意图

地球上最大的碳库——海洋

海洋在吸收二氧化碳方面扮演着极其重要的角色，它是一个巨大的碳存储库。在人类每年排放的二氧化碳中，海洋可以吸收 30% 以上，其储碳量达到陆地的近 20 倍，大气的近 50 倍。发展海洋碳汇，提升海洋碳汇能力，是助力我国实现碳达峰与碳中和目标的重要路径。

海洋存储二氧化碳的方式有很多种，其中海水的溶解作用是最直接的方式。巨大体量的海水可以作为二氧化碳的溶剂。二氧化碳在海水中溶解的量与温度有关，温度越低，溶解的量就越多。二氧化碳溶解到海水中后，会发生一系列化学反应，与水和钙离子生成碳酸及碳酸钙。碳酸钙不溶于水，会沉淀到海洋底部。海水中以这样方式溶解和沉淀的无机碳占海水总碳量的 95% 以上。

·信息卡·“绿碳”与“蓝碳”

陆地上的绿色植物通过光合作用固定二氧化碳的过程，称为“绿碳”。

利用海洋活动及海洋生物吸收大气中的二氧化碳，并将其固定储存在海洋的过程、活动和机制，称为“蓝碳”，也叫“海洋碳汇”。

除了无机碳，海洋中还含有很多以生命体存在的有机碳，如海洋微生物、海洋动植物等。这些有机生命体一部分死亡后在沉降过程中被生物和细菌利用，再次变成无机碳的形式。当然，很大一部分有机碳还会与海洋中溶解的氧气发生反应，最后以二氧化碳的形式被释放。由此可见，二氧化碳在大气和海洋之间不断往复循环，这种循环维持着大气和海洋中碳量的相对稳定。

养贝固碳利双收

中国是世界渔业大国，其中海洋贝类养殖约占海水养殖总量的 70%。

海中的牡蛎养殖场

巨大的贝类养殖产业是丰富的“蓝碳”资源，以牡蛎为例，牡蛎壳95%以上的成分是碳酸钙，每亩（1亩≈666.7平方米）牡蛎每年固碳能力约为1.4吨，固碳能力是红树林的7倍。牡蛎固碳是将水体环境中的悬浮有机物转化为贝壳和牡蛎肉，牡蛎可以吸收水体中的碳、氮、磷等物质，避免水体富营养化，碳汇作用明显。

海洋贝类生态养殖，不但可以给人们提供美味的海鲜，还可以在发展经济的同时净化水体，发挥贝类固碳作用，从而实现经济效益和生态效益双丰收。

实现碳达峰、碳中和是一场广泛而深刻的系统性变革，需要社会各个领域积极行动，处理好发展和减排、整体和局部、短期和中长期的关系，坚定不移走生态优先、绿色低碳的高质量发展道路。

第四节　绿色发展海保护

美丽富饶的海洋是人类宝贵的物质财富，也是地球上最重要的生态系统之一，不仅孕育着各种珍贵的矿产资源和生物资源，还维系着全球气候的稳定。近年来，人类活动对海洋环境造成了许多影响，而海洋环境也引起了人类广泛关注，保护海洋环境已渐渐成为全世界人类的共识。

依法助力海洋保护

为了保护和改善海洋环境，保护海洋资源，治理污染损害，维护海洋生态平衡，保障人体健康，促进经济和社会的可持续发展，我国政府制定了《中华人民共和国海洋环境保护法》《中华人民共和国防止船舶污染海域管理条例》《中华人民共和国海洋石油勘探开发环境保护管理条例》《中华人民共和国海洋倾废管理条例》《中华人民共和国防治陆源污染物污染损害海洋环境管理条例》《中华人民共和国防治海岸工程建设项目污染损害海洋环境管理条例》《中华人民共和国防止拆船污染环境管理条例》等一系列法律法规。

此外，我国政府为保护珍稀或濒危的海洋生物物种（包括海洋经济作物物种）及其栖息地，保护有重大科学研究和观赏价值的海洋自然景观、自然生态系统和历史遗迹，还建立了众多海洋自然保护区和海洋公园，如三亚珊瑚礁国家级自然保护区、东营河口浅海贝类生态国家级海洋特别保护区和日照国家级海洋公园等。海洋自然保护区和海洋公园的建立，对保护海洋环境具有重要意义和重大价值。

·信息卡·　**自然保护区内的功能区**

自然保护区内可划分为三类功能区，即核心区、缓冲区及实验区。核心区指自然状态下保存完好的生态系统及珍稀、濒危动植物的集中分布地。核心区禁止任何单位和个人进入，只允许经批准的科研活动，不得建设任何生产设施。缓冲区在核心区周围，只准进入缓冲区从事研究、观测活动，不得建设任何生产设施。实验区在缓冲区的外围，在实验区内，可从事科学实验、科普及环境教育、考察、旅游等活动，但不允许建设任何污染环境、破坏资源或景观的设施。

目前，我国的海洋生态系统的保护和恢复已经取得了显著成就。相关部门发布的《2022 年中国海洋生态环境状况公报》显示，我国海洋生态环境持续改善，状况稳中趋好，局部海域生态功能稳步提升。自“十三五”规划以来，我国累计修复了 1500 千米海岸线和 3 万公顷（1 公顷等于 10000 平方米）滨海湿地，11 个沿海省（区、市）全部划定了海洋生态保护红线，珊瑚礁、红树林等多个典型海洋生态系统得到有效保护，海洋生物多样性显著提高……如今，一幅幅“海阔凭鱼跃，天高任鸟飞”的蔚蓝画卷正在不断铺展，焕发出勃勃生机。

科技助力海洋保护

海洋保护除制定相关法律法规外，科技创新也是保护海洋生态环境的重要利器。例如，在海洋观测中，温盐深测量仪可对海水的电导率、温度和深度进行长期的观测和分析，能显著提高人们对海洋和天气现象的预报水平。采水器是对海洋进行观测和研究时经常使用的仪器，可以采集到海洋不同水域、不同水层的水样。拖网是采集海洋浮游生物的主要工具之一。采水器与拖网采集到的海水和海洋浮游生物在进行过滤、培养和分析等处理后，可用于研究海洋初级生产力、海洋生态环境特征等。

海洋中设置的浮标系统、潜标系统，可搭载温盐深测量仪、海流计、叶绿素探头等仪器，在水面或者水下，定点测量海水温度、盐度、深度，以及海流等数据；还可以搭载海洋生物化学仪器，获取海水营养盐、溶解氧和 pH 等基础生物化学数据，从而为研究海水运动和海洋环境提供数据支撑。2018 年，我国发射了“海洋一号 C”卫星和“海洋二号 B”卫星。“海洋一号 C”卫星可对全球海洋实现每天 2 次覆盖监测，大幅度提高我国对管辖海域、海岸带等多要素、高时效的调查监测，为全球大洋、极地研究等提供科学数据。“海洋二号 B”卫星能够全天候、全天时连续获取全球海面风场、浪高、海面高度、海面温度等多种海洋动力环境参数，直接为灾害性海况预警预报提供实测数据，为海洋防灾减灾、海洋权益维护、海洋资源开发、海洋环境保护等提供可靠的数据服务。

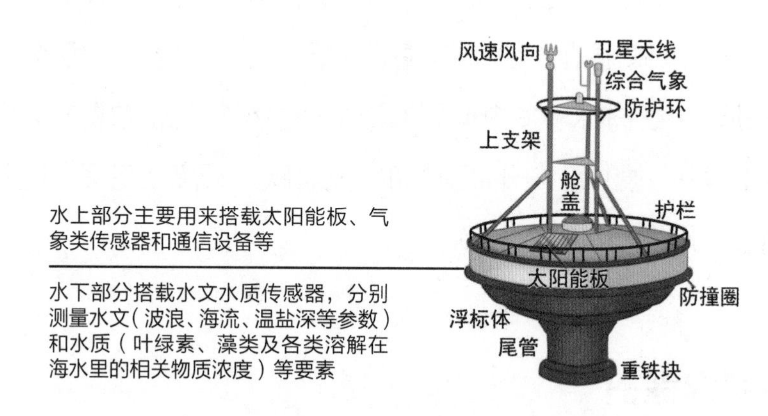

海洋浮标器示意图

海洋教育从青少年抓起

保护海洋不仅需要强大的科技力量，也需要雄厚的教育力量。对青少年加强海洋科普教育，既是国家发展战略提出的要求，又有利于增长青少年的海洋知识、提高青少年保护海洋的意识。

近年来，在国家、社会、学校各界共同努力下，我国开展海洋科普教育的途径不断丰富、力量不断增强，取得了丰厚成就。如青岛提出的海洋教育“从娃娃抓起”，覆盖从学前教育到高等教育，再到终身教育的全学段，对于引导青少年做好职业生涯规划，为有志于从事海洋事业的青少年打好知识基础和思维基础，对未来他们发展成为海洋领域的“精”“专”“高”“新”人才很有帮助。

除了海洋教育进校园，开展海洋教育活动的途径还有很多，如开展海洋教育讲座、论坛、夏令营活动等，此外，还可以利用网络和自媒体，将传统手段与现代传媒相结合，增加“海洋观”的教育内容，构建连续性、大规模、多角度、多渠道、全方位的学习教育平台，拉近海洋与青少年之间的距离。

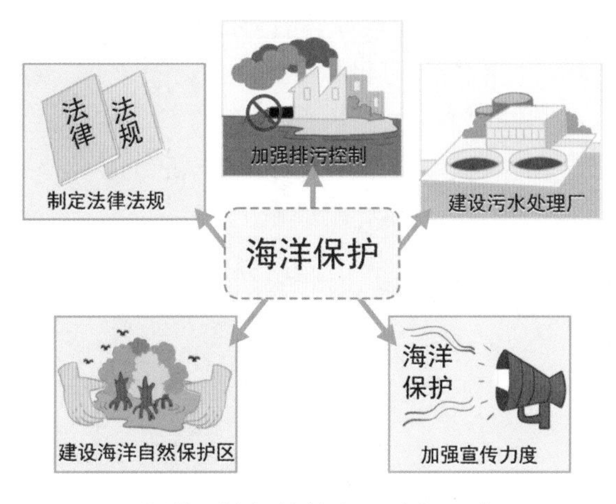

海洋环境保护的主要途径示意图

保护海洋，人人有责。人们不仅自己要从身边小事做起，还要积极宣传，让更多的人参与到保护海洋的行动中来，为守护美丽海洋尽一份力。只有全社会都行动起来，才能真正保护好人类共同的“蓝色家园”。